動物の生き方　人間の生き方

―人間科学へのアプローチ―

戸川達男　著

コロナ社

まえがき

人間は生命の歴史の中で出現した一つの生物種であり、生まれ、成長し、子を残し、年をとり、やがて死ぬという生き方の生物的な側面においては、ほかの高等動物とほとんど変わるところがありません。それにもかかわらず、人間は話し、考え、創造し、知恵や知識を子孫に伝えることができるという特異な性質を獲得するに至りました。いったい人間はどこまでが動物で、どこからがほかの動物と違うのでしょうか。それは、今日でもまだ明らかではありません。

人間の最大の特徴は、遺伝によらない継承手段である文化を獲得したことです。文化の出現によって、人間は鋭い爪も牙も丈夫な皮膚も持たないのに、ほかの生物種に対して優位に立ち、爆発的に個体数を増し、地球上ほとんどいたるところに生息するまでに至りました。

文化の獲得を可能にしたのは、脳の進化における小さな一歩であったかもしれませんが、それによって起こった事柄は、生命の歴史において、遺伝のメカニズムの出現にも匹敵する最大級の出来事となったのです。脳に起こったこの小さな変化によって、遺伝においては決して起こりえない、獲得形質の継承が可能になりました。その結果、生物の進化においては何十万年もかからなければ起こりえない変化が、ごく短期間に起こりうるようになっただけでなく、生物的な進化ではおそらくいくら時間をかけても到達することができないような、広大な知的世界が出現し、生き方の上で大変革が起こったのです。

人間とほかの動物との本質的な違いは、高度の文明を持つというような見かけ上のことだけではありません。人間が獲得した継承可能な特性のうちで最大のものはおそらく言語ですが、言語を獲得したことによって、心の中の事柄を個体間で確認しあえるようになり、生きるための知恵ばかりではなく、経験したことでも想像したことでも、言語化された事柄であれば、容易に共有し、また、継承することができるようになりました。それによって、広大な心の世界が出現したのです。

心を持つのは人間だけではありません。おそらく、高等動物はわれわれと同じように痛みや快感を感じていることでしょう。それにもかかわらず、動物の心の世界は、外界の事柄を認知して反応するというような、生きて子孫を残すために備わっている機能の域を超えるものではありません。ところが人間の心の世界は、生きるための条件が満たされるところにとどまらず、さらに多くを求め、生存のための必要をはるかに超える心の世界が出現しました。その結果、心の世界の充足は生きるための条件の充足より優先されるようになり、「身体の生存のための心」から、「心の充足のための身体」というように、生き方の原則における主客転倒が起こったのです。そのため、人間の生き方はもはや動物の生き方の延長として理解することはできなくなりました。

では、人間はどのように生きていったらよいのでしょうか。少なくとも、ほかのすべての生物種に当てはまる生き方の原則である「子孫を残すこと」は、人間にとっては必要条件ではあっても、それだけでは心の充足が保証されなくなったので、生きることの十分条件ではなくなりました。そこになにを加えれば充足されるのか、その答えが一つなのか複数の答えがあるのか、その探究にはどんなアプローチが可能なのか、その探究の手段として科学は有力なのか無力なのか、このような問題提起自体がはたして妥当なのか、というようないろいろな疑問が生じ、それに対してだれもが納得できるような適切な解答がまだ与えられていません。

いま人間の生き方の探究が必要なのは、哲学的な好奇心を満たすためではなく、いまよりももっと快適で充実した生活を送りたいという欲求を満たすためでもありません。人間はすでに強力な技術を持ったことによって、すべての生命をはぐくむ地球の生態系を自由に操作することができるようになったので、その操作権を持つ人間がどう生きるかに、将来の生態系の存続がかかっているのです。ですから、われわれは未来のすべての人間と他の生物の生存に責任を負っていると考えなければなりません。しかし一方では、われわれは、現在の心の充足をあきらめて、未来の生物や人類を存続させるための道具として生きることで満足できるはずはありません。それでは、いまのわれわれの心の充足とともに、近未来の人間の心も、遠未来の人間の心も充足させるような生き方が考えられるのでしょうか？

かつては、人間も他の生物と同様に、多くの失敗をくりかえしながら、試行錯誤的に子孫の存続につながる生き方を見いだしてきました。しかし、今日の人間にはもはや成功率の低い試行錯誤は許されなくなり、有人宇宙船の打ち上げのように、絶対確実な技術が求められているのです。それには、人間の生物的側面とともに、人間特有の文化の性質と、それによって出現した広大な心の世界の理解がぜひとも必要であり、その目標に至るたしかなルートを見いださなければなりません。

この難問と取り組むには、動物の生き方と人間の生き方を展望できるスケールの大きな視点が必要ですが、まだそのような領域がしっかり確立されてはいません。もし科学的アプローチにおいてそのような学問領域が確立されるとすれば、その領域は人間科学と呼ぶにふさわしいのですが、まだその枠組みさえ構築されていないのです。

これほどの高難度の課題と取り組むのは、わたしのような力量ではまったく無謀なことですが、たまたま人間科学部で講義をすることになったのがきっかけで、なりふりかまわずアタックを敢行した結果が、本書となったわけです。もちろんまだ手つかずの課題が山積しており、大枠としても完成度のきわめて低いものですが、この分野のこれからの発展の一つの手がかりとなるとすれば、望外の幸せです。

二〇〇四年六月

戸川　達男

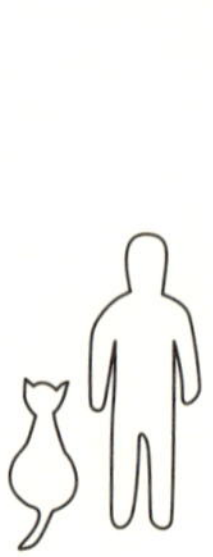

目　次

目　　次

章扉イラスト　トミタ・イチロー

1章　人間、生物、機械

―違いを知るには、まず同類として見る必要がある―

ヒトは一つの生物種

ヒト、つまり生物種の一つとしての人間は、他の生物と同じ素材で構築され、同じ遺伝の法則にしたがってその性質が決定され、同じように突然変異と自然淘汰が繰り返されて進化し、多くの動物と同じ性決定、発生、成長、生殖、老化、死のライフサイクルを生き、同じように環境に適応し、同じように天敵の攻撃に遭い、同じように同種の個体間で争い、そして同じ生態系の中で生きる生き方を身につけました。実際、ヒトとヒトに近い動物とは、身体各部の構造や機能において、マクロにもミクロにもほとんど違いがなく、何世代もかかってなしとげられた適応のしかたから、天敵に遭遇したときの瞬時の反応に至るまで、生き方の本質においてほとんどすべての性質を共有しています。しかし一方、生物種はそれぞれ固有の性質を持ち、それによって生み出された多様性によって、海、陸、空というような極端に性質の違った環境にも豊かな生態系が形成されたわけです。その中では、ヒトは一つの生物種にすぎません。

生物を科学的に研究する学問として、生物学あるいは生命科学があります。多くの生物学者は、すべての生物に共通する遺伝、進化、適応、発生などの知識を基礎として、さまざまな専門分野の研究を行っています。チョウを専門に研究する人やハチを専門にする人やコウモリを専門にする人がおり、さらにそれぞれの専門家の中に、形態を研究する人、感覚を研究する人、個体間のコミュニケーションを研究する人などがいますが、みな同じ生命科学の基礎の上に立っています。その中に、生物種としてのヒトを対象とする研究者もいます。

生物の研究は生命科学本来の興味にとどまりません。食用に供する生物、医薬品の生産のための生物、工業材料となる生物、排水の浄化のような環境維持に利用される生物などは、その利用目的のために研究され、場合によっては、自然の生態からかけはなれた育種や遺伝子操作などによる人為的な操作が加えられます。それらの研究の動機は、もはや生物理解を究極の目的とした生命科学ではありませんが、そのもとになる知識を生命科学から最大限に吸収して、その上に専門の知識を蓄積し、さまざまな応用分野が発展してきました。人間の性質を理解することも、人間が一つの生物種である以上、生命科学の応用分野の一つです。さらに、社会問題、人間関係、国際関係、環境問題、人類の生存の問題なども、生命科学の延長上にあるはずです。もちろん人間には人間固有の問題がありますから、生命科学を押し進めて行けば人間理解に至るというわけではありませんが、人間理解の基礎は生命科学につながっており、少なくとも人間理解は生命科学と矛盾してはならないのです。すなわち、人間理解は生命科学の大枠の中に収まっていなければならないわけで、たとえ人間がどんなに特殊な存在だといっても、生命科学からはみだした説明を与えてはならないのです。むしろ、人間の謎は、生命科学の枠のとらえ難い大きさを示しています。

謎の存在としての人間

人間は一つの生物種であると同時に、きわめて特異な存在でもあります。人間はなによりわれわれ自身であり、言語を持ち、文化という遺伝に匹敵する継承手段を獲得し、生物の生息できる地球上のほとんどいたるところに極限まで繁殖し、生態系に大きな影響を与えています。ですから、われわれ自身を知ることの必要と同時に、きわめて特殊な性質を持つ生物種として、人間の研究には特別な関心がそそがれて当然です。それでいて、人間についてはまだ多くの事柄が解明されていません。人間の意識や精神活動が人間特有のものなのかあるいは他の生物種と共通なのかもわかっていません。また、脳のどのような機能が言語の獲得を可能にしたのか、また文化の継承を可能にしたのかもわかっていません。人間は技術を持つことによって生存を確実にしてきたかに見える一方、その強力な技術によって、生物本来の攻撃性による危険が増し、人類の存続さえもおびやかされる事態に至っていますが、それにどう対処したらいいのかもまだわかっていません。また、文化の多様化によって個性の豊かさが増す一方、異なる文化的背景が深刻な紛争の原因となっていますが、その困難を解決する知恵もまだ不十分です。

人間の生き方は、他の生物種の生き方のモデルがそのまま当てはめられるほど単純ではありません。しかし、人間もそのルーツは他のすべての生物種と同じ祖先であり、生物のすべての基本的な性質を共有していることも事実です。したがって、人間の科学的理解は、生物一般の理解と矛盾することがあってはなりません。少なくとも科学的な視点から見る限り、人間固有の性質は、あくまで一つの生物種の性質であり、あくまで生物という大枠の中の自由度にしかすぎないのです。人間の科学は、その意味で生命科学という大枠から逸脱することはできませんが、生命科学から人間理解に至る道にはさまざまな難関があって、いまはまだそこに至るルートさえ見つかっていないのです。

人間と他の動物とは、身体の構造がほとんど同じであり、行動様式もほとんど同じだといってもいいほどよく似ているにもかかわらず、人間と人間に最も近い生物種であるチンパンジーとの間に深い溝があり、その違いが何の違いによるのかがわかっていません。その違いは脳にあることは確かですが、脳の大きさなのかニューロンの回路構成なのかもわかっていません。しかも、その溝が突如出現したのか、猿人や原人と呼ばれているヒト科の祖先において、数百万年の間に徐々に進化してきたのかもわかっていないのです。

そこで、人間理解には二つの視点からのアプローチが不可欠だということができます。一つは人間を生物進化の延長上にある生物種としてとらえることであり、それによって、人間の持つ性質の多くは動物の基本的性質であり、意識や心の存在でさえ、高等な哺乳類の性質の延長上にあることがわかってきます。しかし、人間はどんな動物も持ち合わせていない文化を持つに至り、それによって生き方に革命的な変革が起こったのです。この現象の理解なしには人間理解に到達できませんが、文化の獲得は、サルの芋洗い文化のようなごく原始的なもの以外には動物のモデルがありませんから、生物の性質の延長として人間の文化的側面の理解に至ることは期待できないのです。したがって、第二のアプローチとして、人間特有の性質の出現を説明する仮説を立てて、その妥当性を検証するという方法論がどうしても必要となるのです。ことに言語機能については、その出現の謎とともに、言語機能の出現によって爆発的に拡大した心の世界の性質について、動物にモデルを求めることはできませんから、人間固有の性質としてとらえるアプローチがぜひとも必要です。それでもなお、人間のどんな性質も大枠では生物の一般的な性質を逸脱することはなく、突然変異によって生じた性質が淘汰を経て定着した結果であることは確実であり、したがって人間の性質を説明する仮説は、あくまで進化の過程で出現可能な性質のものでなければならないのです。

生物を見るいろいろな視点

人間の理解に役立つとしても、生命科学をそっくり学ぶことはほとんど不可能です。生物についてはミクロな分子レベルの事柄からマクロな地球規模の生態系に至るまで膨大な知見が蓄積されているので、生命科学の専門家でさえ、自分の専門の領域についてだけしか知らない人が少なくありません。そこで人間理解のためにぜひとも必要な事柄はなにかを見分けなければならないのです。そのためには、まず生命科学から人間理解に進むための方法論のモデルとして、物質の科学から生命科学に至る過程を考えてみたいと思います。

生物が生きているということは不思議といえば不思議ですが、日常的に見慣れている人にとっては、あたりまえの事柄でもあります。不思議とかあたりまえというのは、そのもの本来の性質ではなく、われわれの見方の違いにすぎません。その事情をわかりやすくするために、ヒトあるいはネコ、自然の結晶、車という三種の対象を比べてみたいと思います。

たった三種の対象でも、いろいろ違った見方ができます。まず、ヒトあるいはネコ、自然の結晶、車をすべて物質という同じ観点から見ることができます。反対に、ヒトやネコ、自然の結晶、車をそれぞれ生物、鉱物、機械という独立の対象として見ることができます。

　また、ヒトやネコと自然の結晶を自然物という共通の対象として見ることもできます（**図1**）。それに対して車は人工物として区別されます。同様に、自然の結晶と車は無生物という共通の対象として、生物であるヒトやネコと区別することができます。ヒトやネコと車を共通の対象とみなす見方も可能なわけで、これはヒトもネコも車も、その各部がそれぞれの機能目的をはたすように組み立てている点に注目した、システム的な観点です。ことにこのシステム的観点は、生物と機械はどこまでが共通でどこが違うのかを見ようとする立場でもあります。それは、生物理解のために、生物と生物に似ているけれど生物でないものを比較することによって、生物の特徴をより鮮明にとらえようとする立場です。一方、生物学では日常

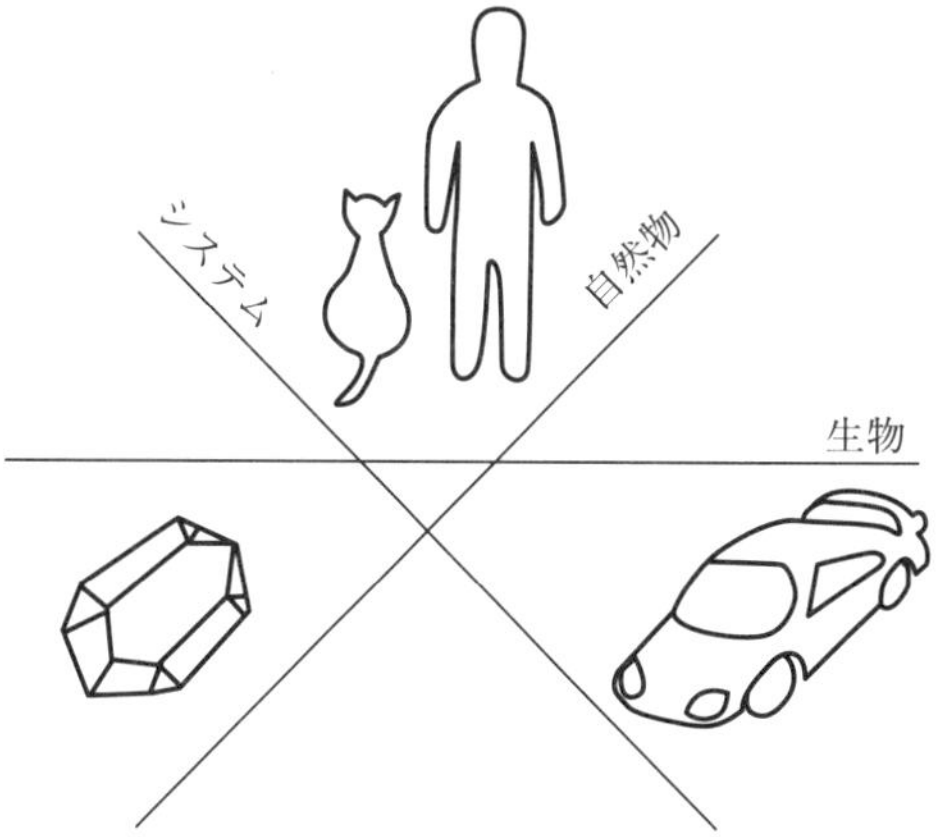

自然物としては自然の結晶と同類として、生物としてはヒトやネコだけを、またシステムとしてはヒトやネコと車を同類として見る

図1　生物を見る三つの視点

的に生物だけを見ているので、かえって生きていることの不思議さをとらえにくいことがあります。

生物を機械と比べるのは、新しいことではありません。デカルトは「人間論」の中で、目は光学機械であり、神経は信号伝達の装置であるというように、人間の身体の多くの部分がまさに機械であることを示しています（文献1）。その上で、精神を機械とは根源的に異なる対象とみなす二元論を唱えたために、後世に多くの批判を受けることになりました。しかし、人間を機械と比較することによって人間の特徴をより鮮明にとらえようとしたデカルトの発想は、共通の部分を差し引いて異なる部分を純粋な形でとらえようという深い洞察に満ちており、今日の生命科学や人間科学においても当てはまる卓越した方法論だといってよいと思います。

身体と機械の比較ということについては、デカルトの時代といまとではずいぶん違っています。今日では、生命現象の多くの部分は分子レベルの機構まで解明されて機械的に説明されるようになり、まだ解明されていない部分も、神秘的な現象ではなく、やがて機械的に説明できるようになることがほとんど間違いないと考えられるようになりました。まだ精神現象の説明には大きな空白がありますが、それもやがて機械的に説明されると考えられています。二十世紀前半の英国の哲学者ギルバート・ライル（文献2）は、精神活動に神秘的な現象があるという理解を「機械の中の幽霊」だと批判しましたし、意識の理解には、正体のわからない小人（ホムンクルス）を排除することがぜひとも必要だという主張（文献3）もあります。今日ではこのような理解はかなり一般的になっていますが、それでも精神活動の中に神秘的な現象があると考える人は少なくありません。ＤＮＡの二重らせん構造の発見者のひとりのフランシス・クリックは、意識の研究にこだわりつづけ、結局その解明には至りませんでしたが、絶対に受け入れなければならない事柄として、「精神活動はすべてニューロンの活動に由来する」という前提条件を示し、多くの人の理解とは違っているという意味で、「驚くべき仮説」と呼んでいます（文献4）。

「身体は本質的に機械だ」ということを納得したとしても、身体の機構にはまだ解明されていない部分がたくさんあります。そこで、身体機能の解明の手段として、機械的なモデルを作り、その機能をコンピュータでシミュレーションを行って、身体機能と比較するというような研究法がしばしば用いられます。例えば、呼吸、循環、代謝、体温、体液組成などを正常に保つ恒常性維持の機構に関しては、制御系のモデルがよく用いられます。脳機能についてはまだよいモデルがありませんが、脳の神経回路は、その構造から機能を推定するにはあまりに複雑なので、適切なモデルが構築されることが期待されています。しかし、その前提として、脳が本質的に機械と同等であることが受け入れられなければなりません。

身体が本質的に機械であることを受け入れるのは、生物が機械にすぎないという意味で驚異的な側面を否定することにはなりません。むしろ、生物を機械と同類だとみなして比較することによって、生物の機構の巧妙さにあらためて驚嘆させられます。また、現在は機械がまだほんの初歩的段階にあるけれども、将来は生物の持つ機能に到達し、さらに生物機能を超えることも夢ではないという期待を持つこともできます。例えば、生物個体の発生においては、ごく限られた遺伝情報により、血管系や神経系のようなきわめて複雑な構造を持つ組織が構築されることに驚嘆させられます。しかし、生体組織の構築の原理が解明されつつある例においては、巧妙で美しい法則を見ることができます。例えば、血管系の形態を決定する原理として、「血液の粘性により血管内壁に下流方向に作用するずれ応力を一定にするように、血管壁が成長する」という法則が導かれました。この法則により、血液輸送の効率を最大にする血管系が自動的に構築されることが理論的に示され、実験的にも証明されています（文献5）。このような原理が解明されることにより、複雑な生体組織構造の構築はもはや神秘的な現象ではなくなりますが、むしろその巧妙さにより強く印象づけられます。

高等動物の出現

高等動物も、脳も含めて本質的に機械であり、その機構が進化によって獲得されたものであることを考えると、人間と他の多くの高等動物とは多くの機構を共有しており、実際、医学の研究にマウス、ラット、ウサギ、イヌ、ネコ、サルなどの実験動物が使われることからわかるように、これらの動物についての知見が多くの場合、そのままヒトにも当てはまるわけです。脳についても、脳で行われている信号処理の原理は本質的にヒトでも他の動物でもあまり違いがないと考えられており、認知や記憶のような基本的な脳機能も、突然現れたのではなく、単純な機能からしだいに高度な機能に進化していったものと考えられます。少なくとも、人間の性質のかなりの部分が多くの哺乳類と共通であり、認知や記憶のような脳の高次の機能も、チンパンジーやゴリラのようなヒトと近縁の動物では、ほとんど人間と変わりないと考えられます。したがって、人間理解において、これらの動物と共通のところまでは生命科学の知見をそのまま当てはめることができ、また人間についての理解が、これらの動物の理解と矛盾することがあってはならないわけです。

ヒトやヒトと近縁の高等動物の最も特徴的な器官である脳も、その機能の進化をさかのぼれば、哺乳類や鳥類よりもっと以前の、両生類や爬虫類にまでさかのぼらなければなりません。人間理解には脳理解が不可欠ですから、少なくとも高等動物の出現の時点までさかのぼって、その背景を考えていかなければなりません。

人間を理解しようとするのは科学者だけではありません。トーマス・マンは、長編の心理小説「ヨセフとその兄弟」の中で、人格の理解には祖先をさかのぼる必要があるが、もしかしたら爬虫類や両生類にまでさかのぼらなければならないかもしれない、というような意味のことを述べています（文献6）。これは決して大げさな表現ではなく、生命の進化を背景に人間を理解しようとする立場から見れば、まさに本質をついているということができます。

サルとヒトとの溝

脳は数億年もの長い時間をかけて進化した器官であり、脳機能の進化は比較的小さな変化の積み重ねであったようです。その意味で、進化の過程はほぼ連続的であったと考えられます。それに対して、人間に最も近縁な動物と人間との間には、大きな溝があります。サルは言語を持たず、子孫に継承することのできる文化も持っていません。抽象的な概念の理解、論理的思考能力、芸術的感覚、宗教的感覚なども、動物には認められません。その違いが教育や環境によるのではなく、生まれつきの性質の違い、すなわち遺伝的な違いであることは明らかです。遺伝子の違いといっても、その違いはわずかで、ヒトとチンパンジーの遺伝情報の違いは一・四パーセントくらいだとのことです。その一パーセントちょっとの違いが、生き方を決定的に変えてしまったわけですから、そのわずかな違いが何であり、それがどのように生き方を変えることになったかを解明するところに焦点を絞らなければ、人間理解の探求の肝心なところがぼやけてしまいます。

しかしながら、この肝心なところが謎であり、その謎がまだ解けていないのです。解けていないどころか、解決の手がかりさえまだ見つかっていません。おそらく、サルとヒトの違いの肝心な部分は脳でしょう。少なくとも大きさがかなり違います。ヒトの脳はチンパンジーの脳の三倍くらいありますし、大脳皮質の面積は四倍くらいだといわれています。しかし、もし大きさが本質的だとしても、どうして大きい脳から人間の特徴的な性質が生み出されるのか、それがどうして小さい脳では実現できないのかを説明しなくてはなりません。

進化の過程で、チンパンジーやゴリラの祖先とヒト科の祖先とはおよそ九〇〇万年前に分かれたと考えられています（文献7）。ですから、ヒトに特徴的な脳の進化は、その時点に起こった変化によるものかもしれません。しかし、確かにヒトの祖先と考えられている、四〇〇万年前から一二〇〇万年前まで生息していたアウストラロピテクスは、脳はまだ明らかに小さく、石器も作らず、言語も持っていなかったと考えられています。二〇〇万年前以降になって、道具を使うことから命名されたホモ・ハビリスが現れましたが、まだ言語は持っていなかったと考えられています。およそ二〇万年前から三万年前まで生息していたと考えられているネアンデルタール人は、脳の大きさはほぼ今日のヒトと同じですが、言語を使用した証拠は見つかっていません。およそ十数万年前になって、やっと今日のヒトと頭蓋骨の形も脳の大きさも同じの新人（ホモ・サピエンス）が現れました。この段階に至って、遺伝的に決定されるすべての性質において、今日の人間と同じヒトが現れたわけです。もし、いま十数万年前の新人のDNAが抽出されてクローンを誕生させることができたとしたら、おそらく今日の人間と同じように話し、同じような情緒と知性を持ち、今日の社会に完全に適応できるだろうと考えられるわけです。すなわち、本質的な遺伝的変革が十数万年前より少し以前に起こったと考えられますから、そのころの自然や生態系の背景からヒントが見つかるかもしれません。

このように、人間の最も特徴的な性質である言語や高度の思考能力は、三五億年にもわたる生命の歴史の最後のわずかの期間に突如出現したわけです。また、サルとヒトとの溝も、チンパンジーやゴリラの祖先とヒト科の祖先が分かれた時点ではなく、ごく最近の十数万年そこそこの時点に最も深い溝があるのです。人間理解のためには、この大変革の謎の解明がぜひとも必要であり、そこにねらいを定めなくてはならないわけです。

しかし、人間の出現というわれわれから見た大変革も、生命の進化の過程では小さな事柄にすぎません。遺伝子の変化から見れば、チンパンジーとヒトの共通の祖先からでもわずか一パーセントくらいの違いですから、肝心の新人の出現にかかわる遺伝的変化は一パーセントよりもはるかに小さい違いにすぎません。ですから、人間理解のためには、一方では他の生物種と共有している遺伝的特徴の性質を知ることが不可欠です。そこで、人間理解には、生命科学という強力な手段を駆使して、しかも人間の出現の出来事に焦点を絞った方法論が有望だと考えるのです。人間理解は、生命科学の領域にそびえるひときわ高い未踏峰であり、そのピークをきわめるには、新人の出現の出来事にルートを定め、脳科学、動物行動学、人類学、神経回路論、言語学、心理学、哲学などの力を駆使して、アタックを敢行すべきです。

文　献

（1）ルネ・デカルト　人間論、伊東俊太郎・塩川徹也訳　デカルト著作集4、白水社、一九七三
（2）Gilbert Ryle, The Concept of Mind. The University of Chicago Press, Chicago (1949)
（3）ロバータ・L・クラツキー　記憶と意識の情報処理、川口潤訳、梅本堯夫監修　サイエンス社、一九八六
（4）Francis Crick, The Astonishing Hypothesis—The Scientific Search for the Soul—. Charles Scribner's Sons, New York (1994)
（5）Akira Kamiya, Tatsuo Togawa, Adaptive regulation of wall shier stress to flow change in the canine carotid artery. Am J Physiol **8** : H14-H21 (1980)
（6）トーマス・マン　ヨセフとその兄弟、望月市恵・小塩節訳　筑摩書房、一九八五
（7）ビョルン・クルテン　霊長類ヒト科のルーツ、瀬戸口烈司・瀬戸口美恵子訳　青土社、一九九五

2章　適応と進化

―子孫を残すことがすべて―

突然変異と淘汰

生命の歴史において、突然変異と淘汰は最も基本的な事柄であり、生命科学にかかわる問題を解くために不可欠な概念です。それは、きわめて単純な原理であり、しかも生命現象に見られるすべての巧妙さを自然界に出現させた、ただ一つの原理でもあるのです。すなわち、生物の持つすべての特徴は、ただ突然変異と淘汰のみによって出現したということです。個々の生物種の特徴はその遺伝子で決定され、種の性質を決定する遺伝子はほとんど忠実に子孫に継承されますが、つぎの世代の遺伝子にごくわずかな確率で突然変異を生じ、その変異遺伝子を持って生まれた個体の中のまたごくわずかなものが親よりも優れた適応力を持つためにより多くの子孫を作るというようにして、進化が起こったと考えられています。これはダーウィンの進化論であり、今日ではその正当性が広く受け入れられ、遺伝のメカニズムが分子レベルで解明されたことからも裏付けられています。それでも、進化というのは不思議といえばじつに不思議な現象ですから、「例外があるかもしれない」と考える誘惑にいつも注意していなければなりません。ことに人間の問題については、つい「人間は特別だ」と考えたくなるものですから、くどいようでも確認が必要です。

突然変異は、何らかの意図を持ってなされる車のモデルチェンジなどとは違って、まったくランダムに起こる現象なので、一見非常に効率が悪そうに見えますが、先入観に支配されて限られた発想しか持たない設計者によって設計される車などに比べると、モデルチェンジの可能性の幅ははるかに広くなります。また、淘汰を経て生き残ったモデルはたくさんのコピーを作り、その中からまた突然変異が起こるわけですから、進化の歴史の時間スケールの中で、人間の考えをはるかに超えるデザインが出現するわけです。ヒトの出現も、まったく同じ進化の原理によっているはずです。

このように、今日の生物学の知見からはっきりいえることは、自然の生物種の特徴を決定するのは、その生息環境において子孫を残すことができるか否かということだけなのです。したがって生物のどんな些細な特徴でも、なぜそのような特徴を持つのかという問いに対して、その種が進化した環境において、「子孫を残すため」だということができるわけです。生き物の不思議さをテーマにしたドキュメンタリー番組などでは、よく不思議な生物の生き方を紹介して、「これは子孫を残すためです」という説明がつきますが、いちいち子孫を残すためだとことわるまでもなく、生物の特徴すべてが例外なく子孫を残すためのものです。ただし、家畜や農芸植物のように、人間が品種改良した生物種は事情がすこし違います。それでも、人間社会という特殊な環境の中では味の良い肉を持つ家畜や病害虫に強く収量の多い穀物が、より多くの子孫を残すことができるのだと考えれば、これも淘汰の結果だとみなすこともできなくはありません。

遺伝子と個体

進化生物学者のリチャード・ドーキンスは、センセーションを巻き起こしたタイトルの著書「利己的な遺伝子」の中で、「個体は遺伝子をはこぶ乗り物だ」といっています（文献1）。その意味するところは、世代を超えて生き続けるのは遺伝子であって、個体は遺伝子が生き続けるのに不可欠ではあるけれど、生き続けるのは遺伝子であり、遺伝子はつぎつぎ新しい車に乗り換えるように、個体を乗り物として乗り継ぎながら生き続けるのだということです。しかし、個体の性質は遺伝子によって決定されるので、人が自分の乗る車を選ぶように遺伝子がその遺伝子を運ぶ個体を選ぶことはできないのです。遺伝子は、その遺伝子自身によって決まる性質、つまりその遺伝子の表現型を持った個体によってしか運ばれません。したがって、ある遺伝子が生き続けられるかどうかは、その遺伝子の表現型を持った個体が生き続けられるかどうかにかかっており、そのおかれた環境の中で生き続けられる個体を構築できなかった遺伝子は、個体と共倒れになります。むしろ、ほかの個体を犠牲にしても自分が生き残ろうとする個体に、より多く子孫を残すチャンスがあるとすれば、ほかの者を犠牲にしても自分が生き残ろうとするような利己的な性質が進化することになります。個体の性質を決定しているのは遺伝子ですから、あたかも遺伝子が利己的な性質を持っているように見えるわけで、このようになりふりかまわず子孫を残そうとする遺伝子の性質を、ドーキンスは「利己的な遺伝子」と呼んだわけです。

適応度

遺伝子が個体という乗り物に乗って生き残るためには、その個体が子を持たなければなりません。乗り物としての個体の性質は、遺伝子によって決定され、子を持てない個体しか作れなかった遺伝子は、その世代で終りです。子を持つためには、少なくとも生殖可能な時点まで生存できなければなりません。そしてさらに、生殖の機会を獲得しなければ子を持つことができません。そこで、自然環境に適応して生き続け、捕食者から逃れ、同種の個体同士の縄張り争いに勝ち残り、多くの動物では雄同士の熾烈な争いに勝って、やっと生殖の機会が得られるわけです。

ある環境でどれだけ子を残すことができるかは、その環境にどれだけよく適応できたかの指標になります。どれだけよく適応できたかの指標として、適応度という言葉が使われます。単純には、残すことのできる子の数が適応度の指標となりますが、適応度を厳密に定義するのはそう簡単ではありません。例えば、ある環境で子を持つことができても、環境が変われば子を持てるとは限りませんから、変化する環境では適応度の定義は困難です。また、各個体の生存の条件は個体数に依存しますから、個体数が一定していなければ適応度は決まりません。実際、子の数があまり多くなりすぎると、かえって生存に不利になるので、そのような場合も単純に子の数だけでは適応度の評価になりません。正確には、適応度は特定の遺伝子座の対立遺伝子が、それぞれ子孫を残すことにどれだけ貢献できるかを相対的に比較できる場合についてだけ用いられる概念です（文献2）。

子を残せるかどうかが環境に依存する例はいたるところにあります。同じ種の動物や植物でも、生息地によって性質に違いが現れるのは、適応度の違いとして理解できます。例えば、捕食者に見つかりにくい保護色が進化するのも適応度の違いとして説明されます。白い壁の多い街では白い蛾が繁殖し、工場地帯のすすけた壁の多い街では灰色の蛾が繁殖していたという報告があります。目立つ色の蛾が淘汰されるのは、交尾して卵を産む前に鳥などに捕食されるからです（文献3）。

淘汰圧

淘汰の厳しさを表すのに、淘汰圧という言葉がよく使われます。淘汰圧は厳密に定義できる量ではありませんが、淘汰の厳しさを「圧力」という物理量にたとえて表した言葉で、直感的にわかりやすいのでよく使われます。淘汰圧が強ければ、よりよく適応した個体だけが子孫を残すことができ、遺伝子を厳しく選別することになります。遺伝子は一定の確率で突然変異を起こしますが、ほとんどの突然変異は生きるために不利な変化をもたらすので、強い淘汰圧のもとでは変異遺伝子は確実に排除されます。もし淘汰圧が弱ければ、多くの変異遺伝子が長く生き残るので、繰り返し突然変異が起これば、変異を受けていない遺伝子の割合が少なくなって、純粋な種の性質が失われていきます。ですから、種の性質が変化せずに長い間生き続けるためには、大きな淘汰圧が不可欠です。生きた化石といわれたシーラカンスなどは、一億五千万年以上もほとんど形を変えずに生き続けた種ですが、進化しなかったからといって淘汰圧がかからなかったわけではなく、むしろ強い淘汰圧があったからこそ、それほどの長い期間、突然変異で現れた変異遺伝子がすべて排除されて、昔と同じ遺伝子が生き続けることができたわけです。

多様な適応方策

生存競争という言葉がよく使われるので、生物はいつも食うか食われるかの争いをしていると思われるかもしれません。確かに、自然の生態系の中では大きな淘汰圧によって、つねに生存に不利な遺伝子が排除されるように淘汰されなければ種の性質を保つことはできないのです。しかし、生存競争はスポーツ競技のようにいつも同じルールで競い合うわけではありません。むしろ、生き方の知恵くらべです。実際、適応の仕方にはいろいろあり、必ずしも強い者が勝つのではなく、各個体は弱くても、大きな集団の中でつねにある割合が生き残るなら子孫は存続しますから、遺伝子にとっては強い個体が必ずしも有利だというわけではありません。

実際、適応のしかたにはいろいろあります。同じ生き方をするものが競い合い、その環境に最もよく適応したものが子孫を残すという場合があります。その場合、環境に適応する手段、例えば獲物を捕えるのに有利な形態や感覚・運動機能が進化することが考えられます。一方、違う生き方を身につけることによって、他の種との競合を避けて生き残るという方策もあります。コウモリは超音波によるエコーロケーションの機能を獲得し、鳥が活動できない日没後に活動する生き方を可能にしました。そのように、機能の高度化とともに、生き方の多様化という方策は、適応の切り札といってもよいでしょう。人の生き方にも、他人と競う生き方と、他人と違う道を模索する生き方がありますが、どちらも生物の適応の常套手段です。

最適設計に至る淘汰の極限

機能の高度化にしても多様化にしても、世代を重ねていけばどこかで限界に到達します。ことに、機能の高度化においては、新たな方策が導入されない限り、それ以上進化しようがないという極限に到達します。スポーツ競技でも、同じルールで競い合う限り、だんだん記録の伸びがにぶり、限界に近づいていきます。記録の到達点は、すべての感覚や運動機能を最大限に訓練して、最適な条件で働かせたときに実現できるレベルです。しかし、スポーツの場合は、決まったルールの種目で競い合いながら人間が進化したわけではないので、人間の身体が必ずしもそれぞれの種目に最適なようには作られてはいません。ところが、生物の進化の到達点は、おかれた環境の制約条件の中で身体や生き方を進化させた結果として到達した極限ですから、到達点の身体の構造、機能あるいは生態は、環境の制約条件における最適な設計となっていると考えられます。もし身体のどこかに、生きるために役立たない部分があれば、それを持たなくても同じように生きられるわけですから、それだけの物質やエネルギーを浪費しているわけで、余計な部分を持たない個体と争えば不利になり、強い淘汰圧がかかれば淘汰されると考えられます。

実際の生物の形態や機能が、本当に最適設計になっているかどうかを検証することは必ずしも簡単ではありませんが、特殊な例では最適設計が実現していることを示すことができます。一つの例として、樹木の枝の形があります。枝が細すぎれば枝の重量を支えきれずに折れてしまうし、太すぎれば素材を無駄に使ってしまうので、もっと効率のよい設計の木にくらべて小さな枝しか張ることができないため、淘汰されてしまいます。枝の構造は片持ち梁であり、片持ち梁の強度は、材料力学的に計算することができます。その結果はきわめて単純で、最適な梁の構造では、梁の太さの二・五乗が梁の重さに比例するという法則で表されます。この結果は実際の枝の重さと太さの関係を調べることによって検証することができます。実際、この法則は木の種類によらずきわめて正確に成り立っていることが知られています。このことは、適当に枝を張っているように見える樹木も、極限の形態まで進化した結果であることを示しており、厳しい淘汰を経てきたことを示しています。

「なぜか」という問いが許される

以前には、科学は「なぜか」という問いに答えるのではなく、「いかに」という問いに答えるのだと教えられました。しかし、生物の性質を理解しようとするとき、「なぜか」という問いが大切であることが認識されるようになってきました。「なぜネコの爪が曲がっているのか」という問いに、「ネズミを捕るため」と答えるのは、進化生物学的に見れば正当な答えです。「ネズミを捕るため」というのは、ネズミを捕食する生き方を続けるうちに、爪の形態がネズミを捕るのに適した形に進化したという意味です。もちろん、ネズミを捕るのに適したように設計者が曲がった爪を設計してネコに与えたのではありませんが、爪の形態の進化は、優秀な設計者が設計したのと同じ極限の最適設計に到達したのです。したがって、機械の設計者に、機械の細部について、なぜこのような設計になっているのかを問えば必ず理由を説明できるように、生物の性質についてもなぜそうなっているのかを説明できるはずなのです。

ただし、最適設計ということはあくまでその性質が進化した環境にあってのことで、環境が変われば最適ではなくなってしまうこともあって当然です。自然の環境でネズミを捕食していたネコも、人間に飼われてペットフードしか与えられなくなれば、もはや曲がった爪の効用はなくなります。しかし、爪の形は遺伝的性質であり、突然変異の確率は人間の歴史程度の時間スケールにおいてはごく小さいので、遺伝的性質はほとんどそのまま継承され、過去の環境に適応した性質の痕跡を長く持ち続けているのです。

人間の性質についても、なぜそのような性質を持っているのかを問うことができますが、人間の場合は人間が出現した当時の環境において効用があったという説明でなければなりません。今日のように発展した文明社会においては、人間の性質によっては生きるための効用がないどころか、かえってさまざまな不都合を生ずるようなことが起こっても不思議ではありません。

動物行動学

動物の行動についても同様に、「なぜか」を問うことができます。動物の生態の観察ではさまざまな不思議な行動が見られますが、形態の最適設計と同様に、どんな行動にも必ず適応方策としての意味があり、子孫を残すことにどのように貢献しているのか説明できると考えられています。動物の行動を適応方策として理解しようとする立場は、コンラート・ローレンツによって学問領域として確立され、動物行動学（エソロジー）と呼ばれています。動物行動学においては、さまざまな動物の生態の詳細にわたる観察により、一見気まぐれのような行動にもすべて「なぜそうなのか」の理由があり、多くの行動について種の存続に貢献していることが示されています。

人間の行動も、動物行動学の対象とすることができ、ヒューマン・エソロジーという言葉も使われます。例えば、ローレンツの最も重要な著書といわれる「攻撃」の中で、攻撃性という行動の特徴をとりあげ、動物の生態に攻撃性の起源があり、人間が進化した環境においても攻撃性が必要であったことを指摘しています（文献4）。しかし、今日の文明社会の中では、遺伝的性質がもはや生存に有利な性質ではなく、むしろ人類の存続を危うくする要因になることも考えられます。人間が攻撃性を持っていることは、今日の社会に深刻な問題をひきおこしているので、この問題は後にあらためてとりあげます。

多様化

突然変異によって違った性質を持つ個体が現れ、それまで種が生きてきた環境と違う環境でも生きられる性質を持つものが現れれば、生息範囲が拡大されます。淘汰圧の強い環境では、極限まで進化した性質を持つ個体だけしか生きていけませんが、淘汰圧が弱い環境では、変異遺伝子が生き残り、やがて独立の進化の過程を経て新しい種が誕生します。したがって、違った方策で環境に適応していく余地があれば、多様な種が出現して、互いに競合せずに共存できるわけです。このように、一つの種が違った生き方によって環境に適応して、多様な種を生み出していく現象は適応放散と呼ばれます。適応放散によって、いろいろ違った生き方をする多様な種で構成される豊かな生態系が形成されるわけです（文献5）。

ヒト科の進化においても、かつて多様な種が誕生したと考えられます。実際、多くの原人の痕跡が発見され、その一つのネアンデルタール人はヨーロッパの広範囲に生息しましたが、なぜか約三万年前に絶滅しました。最終的にたった一つの種である新人（ホモ・サピエンス）だけが生き残ったわけで、ヒト科においては、多様性はほとんど完全に失われました。自然環境への適応により、人種としての遺伝的な差が現れましたが、種としては単一です。他の生物種と比較すればヒトは近縁の種にきわめて乏しい生物種です。それにもかかわらず、今日の世界においては、同一種内のわずかな遺伝的違いがさまざまな困難をもたらす原因になっています。他の生物種は、多様性によって豊かな生態系を作っているのに反して、人間はまだ人種のようなわずかな違いを克服していません。そこで、これからの人間の生き方を考える上でも、生物の基本的な適応方策から見直す必要があるのではないかと考えられます。

文　献

（1）リチャード・ドーキンス　利己的な遺伝子、日高敏隆・岸由二・羽田節子・垂水雄二訳　紀伊国屋書店、一九九一
（2）ダグラス・J・フツイマ　進化生物学、岸由二ほか訳　蒼樹書房、一九九一
（3）Robert E. Ricklefts, The Economy of Nature, Fifth edition, W.H. Freeman & Co., New York (2000)
（4）コンラート・ローレンツ　攻撃—悪の自然誌、日高敏隆・久保和彦訳　みすず書房、一九七〇
（5）エドワード・O・ウィルソン　生命の多様性、大貫昌子・牧野俊一訳　岩波書店、一九九五

3章　運　動

―動物の生き方の原点―

動くことへのこだわり

人間は一つの動物であり、人間の生き方には動物の生き方の多くの特徴が認められます。動物は「動く物」と書きますが、まさに動物の最も基本的な特徴は動くことです。植物や菌類のようにほとんど動かない生き方も可能ですが、動物は動く性質を積極的に利用して環境に適応するように進化しました。動くという性質を放棄した動物は、サンゴ虫のような例のほかにはあまりありません。動物は「動く」という特徴に一貫してこだわって生きてきた生物であり、動くという性質を生かして環境に適応するための、いろいろな機能を発達させました。

しかし、動く生き方が動かない生き方より優れているわけではなく、動く性質を持たない植物や菌類も、動物と同じように自然の生態系の中で繁栄しています。しかも、動物と植物や菌類は、それぞれ独立に生きているのではなく、食物連鎖のような関係で互いに影響し合い、多様な生き方の生物種によって豊かな生態系を構成するのに寄与しています。

動物が動くことは、多くの動かない植物にとっても利用価値があることです。昆虫や鳥が花粉や種子を遠くまで運んでくれるので、自前で運搬手段を持つことなしに受粉の機会を増し、生育範囲を拡大できるわけです。豊かな生態系は、多くの生物種が互いに依存して生きられる条件を作り上げているので、ある種の生き方が他の種より勝っているということはありません。その点で、特定の生物種の進化を考えるとき、生態系が不変で、その種の性質だけが進化したと仮定するのは正しくないわけで、特定の種が新たな性質を獲得すれば、生態系全体に影響を与える可能性があり、そこに現れた新技術によって生態系全体が進化すると考えるのが妥当です。その意味で、「動く」という性質の出現は、動物の出現とともに、植物や菌類の生き方にも大きな影響を与え、生態系の進化に決定的な影響を与えました。

動物の出現

動物の出現は、生命の進化の歴史の中での最大級の出来事といってよいでしょう。それがいつどのように起こったのかについては、ある程度のことはわかっています。生命の誕生は約三五億年前と考えられています。最初現れた生物は原核生物と呼ばれ、核膜を持たない原核細胞と呼ばれる細胞一個の単細胞生物でした。生命の歴史の中で、細胞の進化に二〇億年以上の非常に長い時間を費やし、約一〇億年前に真核細胞と呼ばれる核膜を持つ細胞が現れました。真核細胞は、遺伝情報をDNAから転写してタンパク質を合成する機構やその制御機構が進化しており、有性生殖が出現し、また、一つの細胞から、遺伝子発現によって異なった機能を持つ細胞に分化することを可能にしました。これらの性質が、その後、違った機能の多くの細胞で構成されている多細胞生物の出現につながります。真核細胞の出現には長い時間がかかっていますが、その後の多様な高等生物の出現の基になった画期的な出来事です。

動物の出現は約九億年前と考えられています。この時点で真核細胞の中に動く機構を持つ細胞が現れ、動物として進化していき、一方、動く性質を持たないけれど、光合成の機能を獲得した生物が、植物として進化していったわけです。

その後、約六億年前の先カンブリア紀に動物界に多細胞動物が現れ、爆発的な進化が起こりました。この時期に、現存する動物の大きな分類にあたる、節足動物、軟体動物、脊椎動物などの祖先がすでに現れており、そのほかにも現存する動物の分類には当てはまらない奇妙な動物も数多く出現しました。動くという性質を生かすことにおいて、非常に多くの試行錯誤があったわけです。

動く機構の出現

動く性質を持つには、身体を動かす機構が必要です。動くという点では多くの機械も同様です。動く機械には駆動機構が必要で、駆動のための要素はアクチュエータと呼ばれます。機械には、電気モーター、内燃機関のほか、タービン、ソレノイド、圧電素子、超音波モーター、静電モーター、形状記憶合金などさまざまなアクチュエータが使われます。動物の身体も動く機械ですから、アクチュエータが必要なわけですが、動物は筋というたった一種類のアクチュエータしか使っていません。しかし、動物は、このたった一種類のアクチュエータを極限まで進化させ、さまざまな形で利用してきました。

筋の構成要素である分子機構は、アメーバのような単細胞の生物にすでに認められます。そのもとになる要素は、収縮タンパクと呼ばれ、長さ約一ミクロン のアクチンと、長さ約一・六ミクロンのミオシンの二種類の繊維から成ります。アクチンとミオシンは、イオン濃度によって解離したり集合したりします。解離の状態では溶液のなかに二種の繊維がばらばらに存在します。集合の状態では、ミオシンがアクチンの間にはさまれるように配列しますが、その配列をとる過程で、ミオシンがアクチンの間を滑走するので、二種の繊維の間に引き合う力が発生し、その力をアクチュエータとして利用できるわけです。

実際の筋では、アクチンとミオシンが櫛の歯状に組み合わさった構造が連結して、太くて長い筋を構成しています。力を出すのはアクチンの間にミオシンが引き込まれるときで、したがって収縮するときに仕事をするアクチュエータです。筋を収縮させるにはイオン濃度を制御する必要があり、そのためには神経インパルスにより筋小胞体と呼ばれる細胞からカルシウムイオンが放出されます。収縮が終わると、カルシウムイオンはイオンポンプによって速やかに筋小胞体の中に回収されます。

このような機構の筋が出現して以来、動物はこのアクチュエータの応用に徹しました。骨格運動のための骨格筋、心臓の収縮のための心筋、消化管や血管運動のための平滑筋などの種類があり、形態がそれぞれ違いますが、基本的なアクチン・ミオシンの組合せの分子機構は共通です。

基本要素が同じですから、基本的な特性も筋の種類や動物によってあまり差がなく、動物の進化のかなり初期に、筋のアクチュエータとしての特性は、ほぼ限界に達しています。ことに、単位断面積あたりの収縮力は二枚貝の貝柱で 4~6 kg/cm^2 程度で、多くの高等動物やヒトでもほとんど変わりません。このように、動物はただたった一種のアクチュエータを、骨格運動のほか、血液循環や消化などさまざまな目的に利用しています。

周辺装置の進化

動物はアクチュエータとしての筋を持ったことにより、さまざまな周辺装置の出現を促し、高度なシステムに発展していきました。動くことの利用価値として、外界からの刺激に反応することが最も重要です。動くことができれば、環境の悪いところを避け、環境のよいところに移動することが可能ですが、そのためには環境の状態を検知する感覚器が必要です。また、感覚器からの信号を速やかに筋に伝えるには神経が必要です。逆に、筋の特性が同じでも、感覚器や神経系が発達すれば、筋の利用価値が高まります。そこで、動物の進化において、筋が限界まで進化するとともに、感覚器と神経系の進化が進み、やがて視覚、聴覚、嗅覚、味覚、皮膚感覚などの感覚器も、限界まで進化したと考えられます。

運動のパターンも進化し、甲殻類などではただ収縮と弛緩を繰り返すだけですが、脊椎動物ではなめらかな運動ができるようになりました。なめらかな運動には、収縮力を微妙に制御する必要がありますす。それには、筋繊維の束を運動単位と呼ばれるグループに分割し、弱い収縮のときは一部の運動単位だけを動員し、強い収縮には沢山の運動単位を動員するというようにして、収縮力を自由に制御するのです。

外骨格と内骨格

機械の発達には、アクチュエータの発達とともに各種の機械要素の発達が重要な役割を演じました。

最も基本的な機械要素の一つはてこです。「てこ」の原理によって、小さな変位を大きな変位に変換したり、変位は小さくても強い力を発生させたりすることができます。てこには、アクチュエータの力を伝達させることができる剛体の機械要素が必要で、そのために動物は骨格を進化させました。ことに、体肢をいくつかのセグメントで構成して、つなぎ目の部分を筋で駆動することにより、手足を動かして、身体を移動させることができるようになりました。

骨格の構造として、まず外骨格という構造が現れました。例えばエビのように、身体が多数の筒状の殻で構成され、内部に筋があり、つなぎの部分を筋で駆動して、体を動かすことができるようになっています。硬い殻は内部を保護するのにも役立ちます。しかし、殻はよろいを着ているようなもので、運動に制約が大きく、また成長の過程で大きさを拡大するのが困難で、大きな体を構築するのに不利であったと考えられます。

脊椎動物は、内骨格と呼ばれるように、骨格が体の中心にあります。剛体の機械要素を体の各セグメントの中心にもってきたことはデザインの革命であり、この改革によって、滑らかで大きな自由度の運動が可能になり、成長にも無理がなく、またやわらかい皮膚を持つことが可能になりました。やわらかい皮膚を持つには、内骨格という構造のほかに、体液が増して風船のように体がふくらんでしまわないように、つねに体液を絞り出す機構が必要で、それが閉鎖循環系という血管系の構造によって実現しました。閉鎖循環系によって、物質輸送のための血液は血管内にとどめ、血管外の余分の水はリンパ系によって血管内に回収し、排泄処理できるようになったわけです。

体の形と大きさ

体を動かすのは力学的な現象ですから、力学的な法則に制約され、力学的な性質は、身体の形や大きさによって違ってきます（文献1）。大きな体を動かすためには強力なアクチュエータが必要ですが、体が大きくなると速い動作が困難になります。しかし、体が大きければ捕食者に狙われにくくなり、最も体が大きくて強い動物は、食物連鎖の頂点を占めることができます。そのため、同じ形の動物の間で体の大きさの拡大競争が起こったと考えられ、その典型的なケースが恐竜の出現です。恐竜は、なぜか六五〇〇万年前に絶滅してしまいましたが、二億年近くの間繁栄を続けることができたことから、きわめて優秀な動物だったといってよいでしょう。

体の大きさを拡大する最も単純な方法は、体の構造を相似形を保ったまま拡大することです。しかし、体の各器官の大きさと機能は比例関係にはないので、体の大きさを拡大するのはそう容易ではありません。筋肉についても、相似的に縦横高さを二倍にすると体積は八倍になりますが、発生できる力は断面積に比例するので、四倍にしかなりません。筋力によって身体を加速するには、体重に比例する力が必要ですが、体重が八倍で力が四倍では力がたりません。そこで、同じすばやさの運動を実現するには、体を大きくしたら、相似形で拡大した以上に筋肉を太くしなければならないのです。

しかし、実際の動物の体は、大きさによってあまり形が違いません。むしろ相似形がよく保たれているのです。そのため、大きい動物はすばやい運動をしにくくなり、動きが鈍くなるように見えるのです。このことは、大きい動物は体の大きさを拡大する一方で、すべての営みを遅くしているというように理解できます。したがって、大きい動物は小さい動物に比べてすべての動作をゆっくり行い、寿命もほぼ体のサイズに比例して延長されます（文献2）。

動物の体の大きさの拡大がなぜある大きさで止まるかはまだよく説明されていませんが、不必要に拡大することはかえって運動能力の上で不利になることなどから、生態系の中での最適値に落ち着いていると考えることができます。

ヒトの大きさは、哺乳類の中では大きい方ですが、最大ではありません。しかし、ヒト科においては運動能力や捕食者からの攻撃から身を守ることよりもむしろ、脳の発達による脳重量の増大に見合う体の大きさを必要としたと考えられます。ヒト科のルーツからでも脳重量が三倍くらいにも増大しているので、それなりの体格が必要となりました。その分、体の動きは鈍くなり、小型のサルのように身軽ではなくなりましたが、むしろ体のすべての営みを遅くして、延長された寿命を活用して生きる生き方を可能にしたわけです。

運動制御のサブシステム

高等動物の運動機能はきわめて自由度が高く、その自由度を生かす方法が開発されることによって、筋の利用価値がますます高まりました。身体には多くの筋があるので、一つの目的の動作を効率よく行うには、筋の協調が必要です。一つの関節を動かすにも一組の拮抗筋が働き、一方が収縮したとき他方が弛緩するというように協調して働くことによってはじめて、なめらかな動作が実現できます。

全身の動作には多くの関節の動きが必要ですから、それぞれの関節を動かす筋をすべて協調させて駆動するには、複雑なプログラムを実行しなければなりません。高等動物はその制御のための専用の器官として小脳を発達させました。小脳は、学習が可能な、つまり可塑性の高い大規模な神経回路で、効果的な運動を実現するための筋の協調を行うサブシステムです。サブシステムというのは、小脳が勝手に運動の指令を発するのではなく、大脳からの命令にしたがって働く器官だという意味です。大脳は筋に直接に指令を送ることもできるので、小脳が破壊されても運動がまったくできなくなるわけではないのですが、運動失調と呼ばれるように、筋の協調が失われ、体の動きがぎこちなくなります。

運動機能には小脳の機能だけでなく、大脳の機能が必要です。大脳皮質には広大な運動野があり、ヒトにおいてとくに発達しています。特に、手の機能に関係した部分が発達し、手というきわめて運動の自由度の高い装置を使いこなすために、大脳の広大な運動野が出現したと考えられます。手の機能の進化が、脳の進化につながり、その脳から言語という人間に特有な機能の出現につながったとすれば、人間の出現の背景として運動機能の進化、ことに手の利用にかかわる脳機能の進化が不可欠であったと考えられます（文献3）。

現代の人間の生活

人間は手という優れた機械要素を進化させることにより、自然の素材を作業に用い、また道具を発明して、運動機能の強さと自由度を拡大していきました。さらに、家畜を移動や農耕のために利用する知恵を獲得しました。やがて人間は機械を発明し，運動機能の多くを機械で代替するようになりました。したがって，機械文明の出現は，動物の「動く」という特徴を進化させていった延長上にあるとも考えられます。

しかし，他の動物，あるいはヒト科のほかの種と比較して，新人は，運動機能よりむしろ，脳をより強力にするように進化しました。すなわち，優れた運動能力を持つ個体より優れた脳を持つ個体の方がまさり，脳の進化がうながされたと考えられます。実際，ネアンデルタール人のがっしりした体格に比べ，新人は強そうには見えません。すでに，この段階で運動機能の退化が始まっていたのかもしれません。

人間は，道具や家畜や機械を使うようになり，筋の運動機能が必ずしも必要ではない場合が多くなりました。そのため，運動能力は低下する傾向にあります。車があれば歩いてゆけるところに行くにも車を使いますから，歩く能力が退化するかもしれません。手の運動機能にしても，便利な道具や機械で手の機能を代替してしまえば，手の能力も低下するでしょう。実際，学齢の子供の運動能力が低下してきていることがさまざまな調査で示されています。

ヒトの進化から文明の発達に至るまで，道具や機械の機能を含めた総合的な運動能力としては，一貫して拡大してきたわけですが，筋のみによる運動能力は必ずしも進化しておらず，むしろ退化の傾向が見られます。一方，スポーツでは，運動能力が極限まで追求され，記録も伸びているので，運動機能が絶対的に低下しているわけではないようです。また，ふだん車を使って楽な生活をしながら，アスレチック機器で運動をしている人もいます。しかし、今日の人間においてはじめて運動能力が生きるために不可欠ではなくなったのではなく、新人の出現の時点においてすでに、運動能力より脳機能が重要になっていたと考えられます。したがって、運動機能は脳を発達させる要因として重要な役割をはたしたわけですが、新人の出現において、運動機能よりむしろ脳機能がより重要となるという主客転倒が起こったということができます。

文　献

(1) クヌート・シュミットニールセン　スケーリング：動物設計論―動物の大きさは何で決まるのか―、下澤楯夫・大原昌宏・浦野知訳　コロナ社、一九九五
(2) 本川達雄　ゾウの時間ネズミの時間、中央公論新社、一九九二
(3) 鈴木良次　手のなかの脳、東京大学出版会、一九九四

4章　脳

―集中化の一途をたどった器官―

運動の命令系統

脳という器官の発達は、前章で述べたように、動物の「動く」という性質と関係があります。運動機能は筋というアクチュエータを持ったことに始まり、筋を進化させて自由度の高い運動機能を獲得していきましたが、多くの筋を協調させてスムーズで無駄のない動きを実現するには高度なソフトウエアが必要であり、高等動物ではそのために小脳を進化させました。多くの動作では、全身的な筋の協調が必要です。例えば、立位で手をのばして物をつかむとき、手だけを動かせば体の重心位置が変わり体のバランスが保てなくなるので、多の筋が反射的に作動して、バランスを保ちます。

一つの動作に全身の筋の協調が必要であることから、通常は全身の筋が一つの動作のために動員されるようになりました。訓練すれば、右手と左手で違った動作をすることも可能ですが、通常は一つの動作のために両手を使います。多くの場合、全身の運動は、行う動作ごとにプログラムされていて、ある動作をしようとすれば、その動作のプログラムだけが実行されることが必要で、他の動作のプログラムが実行されないように抑制しなければなりません。そこで、どのプログラムを実行するかを決定する機構が必要となり、そのために、命令系統は一つにしぼられていなければならなくなったのです。

体の中では、全身の骨格運動以外に、呼吸運動、心臓の拍動、消化管の運動などがありますが、これらの運動は全身の骨格運動とは違って、独立に実行しても支障がありません。したがって、原理的にはそれぞれの機能は独立に制御してもかまわないわけで、実際、自律神経系に支配され、呼吸や循環や消化は独立な中枢に支配されています。

しかし、全身運動、ことに随意的な運動の命令系統は一つに絞られていることが決定的に重要であり、したがって随意運動を支配する中枢は一つでなければなりません。身体に脳が一つしかないことは、全身の骨格運動を支配するのに必要なことで、ヒト形のロボットでも、おそらく同じように、一つの命令系統を持たなければならないことでしょう。

骨格運動の中枢は基本的には全身の骨格筋を支配する神経回路であり、単純な回路がしだいに高度化していく過程で、一貫して命令系統を一つにしぼる方向に進化したため、脳の情報処理機構は集中化の一途をたどったわけです。

感覚情報の活用

感覚器の進化と脳の進化は、あるところまでは並行して進んだと考えられます。目が進化して鮮明な像を見ることができれば、視覚情報の利用価値が増すはずですが、それには増加した視覚情報を処理できる脳が必要です。他の感覚についても、感覚器の性能が向上すれば、得られる情報が増しますが、その情報を十分活用できるか否かは脳の性能によります。しかし、感覚器の性能は、やがて限界に到達します。視力や聴力は物理量のセンシング機構に依存し、感覚器の性能はセンシング機構の物理的限界に至れば、それ以上進化する余地がありません。目は光検出器ですが、目も人工的な光検出器も、フォトン一個が検出できるレベルに至っており、ほとんど技術の限界に達しています。

ところが、感覚情報の活用の仕方は、そう簡単に限界に到達することはありません。むしろ、感覚器と運動系が極限まで進化したあと、感覚器と運動系をいかに効果的に活用するかで競い合い、脳の進化を促したと考えられます。ことに、ヒト科においては、ヒト科のルーツのアウストラロピテクスから現在のヒトである新人に至るまでに、脳重量は三倍に増加しています。多くの動物、ことに哺乳類では、脳の大きさは体の大きさの三分の二乗にほぼ比例していますが、ヒトにおいては同程度の体重の哺乳類の平均の八倍、同程度の大きさの類人猿と比較しても二倍もの脳を持っています。

しかし、脳の機能は大きさだけでは比べられるわけではなく、脳の進化によって新たな機構が獲得されれば、大きさを増さなくても性能が向上することが考えられます。ことに、言語機能を獲得したことによって、複雑な情報を簡単な言葉や文章で表現できるようになり、脳の情報処理の負担が軽減されたのではないかとも考えられます。もしそうなら言語獲得以前の方が脳に大きな負担がかかり、脳の拡大が促されたけれど、言語獲得を契機に脳の拡大は止まり、むしろ脳機能にゆとりができたので、生きるために不可欠ではないような精神活動にも脳機能が用いられるようになった、というような可能性も考えられます。このようなことから、脳の情報処理能力を脳の大きさだけで評価するのは間違っているかもしれません。

ニューロンの進化

脳の中で基本的な働きをする要素はニューロンです。基本的だというわけは、脳の中で行われる情報処理は、ニューロンの活動のみによって担われていると考えられるからです。ニューロンのほかに、精神現象を担う特殊な物質や組織があるということは、今日ではほとんど考えられません。まだ脳の中での情報がニューロンの活動によってどのように表現されているのかがわかっていませんが、ニューロン以外には情報の担い手が見つからない以上、ニューロンが情報を担っていると考えるほかありません。

ニューロンには、入力と出力があります。入力は神経の末端のシナプスと呼ばれる部分で、神経インパルスがシナプスに到達すると、シナプスから神経伝達物質が放出されてニューロンを刺激し、その総和が閾値《いき》を超えるとニューロンが発火して、出力側の軸策にインパルスを出力します。興奮はするかしないかどちらかの状態しかとれません。したがって、ニューロンは二値しかとれない素子で、一つの論理素子とみなせば、一ビットの情報しか担えません。

ニューロンは神経系の出現とほぼ同時に出現したと考えられ、脳の進化とともにニューロンも進化したと考えられています。脳の中でも、大脳皮質にあるピラミダルセルと呼ばれるニューロンは、とくに多くのシナプスを持ち、情報処理に重要な働きを担っていると考えられています。また、ピラミダルセルの形は、脳の拡大とともに複雑化しています。複雑化というのは、結合しているシナプスの数が増しているという意味で、シナプスの数が増すとシナプスが結合している樹状突起と呼ばれる部分の形態が複雑になります。

一方、脳の大きさが増すと、ニューロンの数も、ほぼ脳の大きさに比例して増加します。ニューロンの数が増せば、結合の数も増すのは当然なようですが、じつはニューロンの数の増加に比べ、シナプス数の増加はごくわずかです。カエルに比べヒトのニューロン数は一万倍にもなるのに、シナプス数は一〇倍程度にしかなりません。ですから、ニューロンは脳の進化において、わずかしか変化しなかったといってもよいくらいです。

ニューロン自体にあまり違いがないとすると、小さい脳と大きい脳ではニューロンの数によって機能の違いが現れることになります。ニューロンは記憶機能も担っていますから、大きな脳は大きなメモリを持つコンピュータと同じように、記憶能力も大きく、知能が記憶容量に依存するなら、大きな脳は多数のニューロンを持つことから、知能が高いという一応の説明になります。しかし、脳においてはまだ記憶のメカニズムが解明されていないので、ニューロン数を増すことによってなぜ情報処理能力が増すかということは、明確には説明されていません。

脳機能を担うのはニューロンであり、それ以外に精神活動を発現させる特殊なデバイスがないことはほとんど間違いありませんが、まだニューロンがどのように働いて情報処理を行っているのかは、まったくといってよいほどわかっていないのです。ことに、個々の記憶や意識の内容が何個くらいのニューロンによって担われているのかさえわからず、多数のニューロンによるという説がある一方、ごく少数のニューロンによるという説もあるという状況です。

また、多数のニューロンで構成されている神経回路を正確にたどって、回路の働きを解明することは、あまりに結合が複雑すぎて、ほとんど絶望的です。もちろん、ニューロンの結合については沢山の詳しい研究があり、ことに特定のニューロンから出ている軸策を選択的に染色して結合をたどっていくことが可能ですが、その知見からニューロンがどのように情報を担っているのかを解明するには至っていないのです。

大脳皮質

人間の特徴は精神活動であり、体は機械にすぎないことはデカルトが示した通りです。精神活動は脳で営まれ、精神活動を担っているのはニューロンの活動であることも、今日では間違いないと考えられています。また、精神活動を担うニューロンは、大脳皮質のニューロンであることもほぼ間違いないといってよいでしょう。

しかし、大脳皮質はほぼ一様にニューロンが配列したシートで、単位面積あたりのニューロン数は動物によってあまり差がなく、一平方ミリに一〇数万個のピラミダルセルがあるといわれています。脳の拡大に伴って面積が増大しますが、脳全体の大きさの増大に比べて大脳皮質の面積の増加が大きいので、拡大したシートを限られた空間に納めるために、しわが多くなるわけです。

大脳皮質の神経回路はまだよく解明されていませんが、大脳皮質の神経回路は、規模を拡大していくことができる性質を持っているために、脳の進化とともに皮質の拡大が可能になったと考えられます。コンピュータでも、メモリを増設してくことが可能ですが、コンピュータではメモリの場所を指定するアドレスが必要ですから、メモリを大幅に拡大するには、アドレスの桁数を増さなければなりません。脳の情報処理はコンピュータとはまったく違いますが、ニューロンの数を増すとニューロンの樹状突起の形が複雑になっていくのは、アドレスの必要な桁数が増すのとよく似ていることがわかってきました。すなわち、アドレスに必要な桁数はメモリ数の対数に比例しますが、同じように、一つのニューロンのシナプスの数は、皮質のニューロンの数の対数にほぼ比例しています（文献1）。

大脳皮質とコンピュータの大きな違いは、大脳皮質にはコンピュータのCPU（中央処理装置）に相当する機構がないことです。大脳皮質のどこを探しても、CPUに相当する機能を持つ要素はありません。この点は、脳とコンピュータとの本質的な違いです。しかし、CPUなしでどうして高度な情報処理ができるのか、まだ明らかにされていません。概念的には、個々のニューロンが複雑な入出力関係を保持していて、それによって一つの因果関係を担っているとみなすことができます。あるニューロンが発火すれば、その結果がまた別の特定のニューロンを発火させるというようにして、連鎖的に活動が続くのかもしれません。また、あまり多くのニューロンが同時に発火することのないように、相互に抑制がかかっていることは考えられることです。皮質の神経回路はあまりに複雑なので、機能の解明には脳を調べるだけでなく、ありそうな回路を想定して、コンピュータシミュレーションによって脳機能を模擬できるかどうか調べるような方法論が有効かもしれません。

大脳皮質は脳の進化に伴って拡大してはいますが、神経回路の基本的な構造はあまり変わらず、規模の拡大に対応して、基本要素のニューロンの構造が若干変化したと考えることができます。ヒトの大脳皮質も、脳の進化における皮質の拡大の延長上にあって、少なくとも大脳皮質の構造から見て、ヒトの脳が特別だとは考えられません。人間の精神活動が大脳皮質で営まれているなら、同じような脳活動がヒトに近い動物の脳にもあるはずであり、哺乳類や鳥類に限らず、精神活動の起源は爬虫類や両生類かあるいはもっと以前にまでさかのぼることができるかもしれません。

機能の局在

大脳皮質はほぼ一様な構造ですが、部位によって違う機能を担っており、ある部分は視覚機能に、ある部分は運動機能に、またある部分は言語機能にというように、機能の局在が認められます。また、大脳は左右に分かれていて、右脳と左脳は違った情報処理に用いられています。しかし、機能の局在は完全に固定されたものではないと考えられます。それは、脳の一部が破壊された場合、一時的にはその部位で行われる機能が失われ、例えば言語機能を担うウェルニッケ野あるいはブロカ野と呼ばれる部位が障害されると失語症になりますが、リハビリテーションによって機能がかなりの程度回復することから、ほかの部位で機能を代償できると考えられています。

大脳皮質のどの部分がどのような役割をはたしているかを知るには、脳の損傷をうけた患者を観察して、どのような機能が失われるかを調べることから推定することができます。また、実験動物による脳の破壊実験も数多く行われました。最近では脳画像技術の進歩によって、脳の活動部位を詳しく調べることができるようになりました。すなわち、神経活動がさかんな部位は電気活動がさかんで、代謝や血流も増すので、その部位を脳波、脳磁図、陽電子影像法（ＰＥＴ）、磁気共鳴影像法（ＭＲＩ）

などによって画像化して観察することができるようになりました。これらの装置は、医療においては脳の障害部位を特定するような診断の目的にたいへん有効で、高価な装置でも大きな医療施設では導入が進んでいます。

しかし、機能の局在を調べることが脳機能の解明につながるかどうかは、まだはっきりわかりません。一つの問題は、空間的スケールの違いです。脳画像装置の空間分解能が高々一ミリ程度なのに対して、ニューロンは一平方ミリに一〇万個以上もあるので、脳画像装置では、大きな集団としてのニューロンの活動を見ることができるにすぎないのです。

脳の退化

脳を進化させて高い知能を獲得した動物は、もはや運動能力で強さを競うことが子孫を残す絶対条件ではなくなり、むしろ知恵を競うために、脳の進化が促されたと考えられます。ことに、ヒト科の進化の過程では、運動能力は退化する傾向にあり、今日の文明社会ではさらに運動能力の退化が進んでいるようです。

人間の社会では、文明が現れる以前に、運動能力に代わって知恵が生存の条件を左右するようになり、その状況が脳の進化を促したわけです。ですから、脳が進化した状況では、生きるために知恵が不可欠であり、知的レベルすなわち脳機能の低いものは淘汰され、脳機能の優れたものだけが生き残り、子孫を残すことができたわけです。文明が発達する以前の人間の生活は、一見原始的なようであったかもしれませんが、もしかすると平均の知的レベルは今日の人間の平均をはるかに超える高いレベルにあったかもしれません。

今日の文明社会では、生きるために必ずしも知恵を必要としません。知的レベルにほとんど関係なく子孫を残すことが許されますから、淘汰は事実上まったく働かなくなったわけで、かつて高度の運動能力が生きるために絶対必要な要件でなくなったために運動能力が退化したように、これからは脳機能が退化していくことは避けがたいことです。もしかすると、文明以前の人間に比べて、もうすでに脳はかなり退化しているのかもしれません。

しばらく以前に、ガキ大将の条件として「昔腕力、いま情報」といわれたことがありました。これは人間の進化の過程を表しているようでもあります。しかし、今日では情報を所有するのはもはや脳ではなく、インターネットのような外部の情報源であり、情報を所有するためにさえ脳は必ずしも必要ではなくなってきました。また、思考能力さえ、さまざまな機器にとって代わられています。すでに電卓の普及により暗算の必要はなくなり、電子手帳を持てばスケジュールを記憶する必要もなく、カーナビゲーションシステムにより、方向感覚も必要なくなりました。

人間の知能は、運動能力と同様に、今日の社会では子孫を残すために不可欠な機能ではなくなり、アクセサリーのような存在になってきています。今日でも運動能力の優れた人や頭の回転の速い人はそれなりに魅力があり、もてはやされているように見えるかもしれませんが、もはや鳥のオスの美しい羽やメスを魅了するダンスほどに生存の条件に結びついてはいません。その結果として、やがて運動能力や頭の良さに魅力を感じる感覚さえも退化していくかもしれないのです。

見かけ上、運動能力や思考力が低下してきているのは、単に訓練をおこたっているだけで遺伝的変化ではないかもしれません。しかし、運動能力や思考力を必要としない環境が長く続けば、遺伝的な退化を抑制する作用が働かなくなり、長い期間の間に徐々に脳の退化が進行していくことが考えられます。

下等な動物から一貫して拡大を続けてきた脳は、十数万年前の新人の出現に至って頂点に達しました。それ以降、文明の進歩の影の目立たないところで脳の退化が進んでいることに、われわれは案外気づいていないのかもしれません。

文　献

（1） Tatsuo Togawa, Kimio Otsuka, A model of cortical neural network structure. Biocybernetics and Biomedical Engineering **20**(3) : 5–20 (2000)

5章　意　識

―神経活動でもあり、精神活動でもある―

心の理解の原点

身体の現象については、生命科学の驚異的な進歩によって、今日の生物学や医学に見られるように、多くの事柄が分子レベルにまで掘り下げて説明されるようになりました。それに比べて、心の現象を理解するためには、まだ今日の生命科学のようなしっかりした基礎がありません。心の理解に対しても、哲学、心理学、精神医学などにおいて、身体の理解へのチャレンジに劣らずさまざまなチャレンジがなされてきました。それにもかかわらず、いまだに分子生物学に匹敵するような基礎が築かれていません。基礎が弱いというようなことではなく、確かな土台がまったく無いに等しいのです。そのために、何々論とか何々イズムというような名前がついたさまざまな学説が提起されていながら、ここまでは間違いないと皆が認めるような共通の基盤がほとんどないのです。

心の現象の科学的理解に挑もうとすると、まず意識という難関にぶつかります。認知、記憶、思考、意志決定というような精神活動は意識を伴うので、意識とはどういうことなのかがわからずに心の現象を説明することには無理があり、あえて説明しようとすると、「もしこれこれの説が正しければ」というような条件付きの説明になってしまいがちです。そこで、心の理解のためには、意識の共通認識が与えられるような堅固な基礎がぜひとも必要であり、しかも科学的な立場から意識を客観的にとらえなければなりません。

今世紀のはじめ、物理学のような精密科学の発展に刺激されて、精密科学としての心理学を築こうという意図から、行動主義が興りました。行動主義は、刺激に対する反応というような客観的なデータだけを用い、主観的な記述を排除しようという立場です。そのような立場では、意識の内容は客観的にとらえられないので、意識の研究は事実上不可能になりました。心の科学であるはずの心理学が、心の理解に最も重要な概念である意識を研究対象からはずしてしまうことになったわけです。行動主義はアメリカの心理学会の主流となり、一九五〇年代ころまで続きました。一九六〇年代になって行動主義の批判がさかんになり、意識に関する事柄が再び研究対象として取り上げられるようになりましたが、半世紀にも及ぶ大きな空白ができたことが、心理学における意識の研究の遅れの原因の一つだといわれています（文献1）。

哲学においては、身体と精神の関係を説明しようとする心身問題において、意識とはなにかが問われてきました。デカルトは二元論を唱え、精神を身体とは異質の存在だと主張しましたが、近代の多くの哲学者は一元論の立場をとっています。すなわち、精神現象は身体の現象として説明されるという考えに立っているわけです。そのため、デカルトの二元論はしばしば批判の対象にされました。例えば、ライルは、二元論的な精神理解は、機械の中の幽霊だといっています（文献2）。しかし、一元論の立場から意識を理解することには困難があり、さまざまな理論が提起されているにもかかわらず、すっきりした理解に至っていないのが現状です。例えば、オショーネシーは一つの事柄の二面性として理解しようとしました（文献3）。デネットは意識の内容が多くの原案の中から選ばれるというモデルを提案しています（文献4）。また、説明的二元論というとらえ方もあります。しかし、だれもが納得できる説明がまだありません。また、チャーマースのように、意識の理解は普通の問題とは本質的に異なる難題だという人もいます（文献5）。

生理学的研究では意識をとらえようとする試みはそう多くはありません。神経生理学者のエックルスは意識の解明にたいへん熱心に取り組みましたが、二元論的な説を唱えたので、科学的な理解との整合性に苦慮し、量子効果を導入することも試みましたが、意識の解明にはつながりませんでした。

DNAの二重らせん構造を発見した分子生物学者のクリックは、その大発見の後、意識の解明に熱心に取り組みました。結局、意識の解明には至りませんでしたが、心の理解には意識の解明がぜひとも必要であること、また、いま意識の研究を進めなければならないことを強い調子で訴えています。クリックは、あくまで意識はニューロンの活動として説明されなければならないことを主張し、「精神現象はすべてニューロンの活動に帰せられる」という前提を「驚くべき仮説」と呼んで、この前提がいかにしばしば無視されているかを指摘しています（文献6）。

わたしは、このクリックの態度が、いま最も妥当であるように思います。クリックは意識がまったく解明されていないという現状を深刻に受け止め、意識の神秘的説明を否定し、確実に解明できるものだという確信を表明しています。わたしも、この態度が心の理解へのチャレンジの原点だと考えています。

人間だけが意識を持っているのか？

意識を持つのは人間だけだという根拠はありません。少なくとも、高等な哺乳類や鳥類の行動を見ると、意識しているとしか思えない行動が数多く見られます。例えば、鳥がひなを守るため、わざと怪我をしているふりをして、捕食者を巣から遠ざけるというような行動は、意識なしにできるとは考え難いことです。もっと身近に、ペットを飼っている人の多くは、ペットが意識を持っていて、ペットの気持ちがわかると確信していることでしょう。

しかし、ヒト以外の動物の意識を確認する確かな手段はありません。したがって、動物の行動をよく観察している動物学者は、動物が意識を持つことをほとんど確信していながら、本当に動物が意識を持つと断言することは保留しています。例えば、グリフィンは、鳥が魚をおびき寄せるために小枝を水に落とすというような例からも、鳥が意識をもっていることがほとんど間違いないといいながら、確言を避けています（文献7）。

動物の意識は、動物保護の観点からも関心が持たれています。もし動物が意識を持つなら、人間と同じように恐怖や苦しみを感じるに違いないので、虐待してはならず、人間と同じように扱わなければならないと主張します。しかし一方では、たとえ動物に意識があるとしても、人間の意識とは内容がまったく異なるだろうという主張もあります。例えば、「コウモリになったらどんなだろう?」というタイトルの論文を書いたネーゲルは、超音波で空間の障害物を感知しながら飛ぶことができるコウモリの意識を想像することができるだろうかという問題を提起して、意識の理解は意識があるかないかというような単純な事柄ではではないことを指摘しています（文献8）。

また、自分を意識するといういわゆる自己意識が意識の本質だという主張もあります。動物でも、チンパンジーは鏡を見て顔が汚れていることに気づくという観察から、鏡に映っているのが自分の顔であることを理解していることがわかり、自己意識を持つとみなしてよいと考えられています。

しかし、いまのところ動物の意識を直接確かめる手段はありません。人が他人の気持ちや考えを理解するには言語が必要で、言語によるコミュニケーションがとれない場合には、他人の気持ちや考えを確認することは困難です。人間でも言葉がわかるようになる以前の幼児では、意識があることは確かだとしても、直接に意識の内容を確認することは困難です。動物の場合、人間の言語によるコミュニケーションができないかぎり、意識を確認できませんが、逆に、意識がないともいえません。ですから、もしかすると、虫にも虫のレベルの意識があるのかもしれないのです。

動物の意識の理解のためは、意識が進化した背景を考えることもヒントになります。動物の運動について述べたように、動物の運動機能には大きな自由度があり、瞬間瞬間になにをするかを決定する必要があります。行動には外界からの情報を必要としますから、特定の行動を実行するには、それに必要な情報をとらえられるように、感覚がその行動に関係する対象に向けられていなければなりません。特に、視覚は目的の物を見ようとしたとき、眼球を調節しなければ見えませんし、聴覚も目的の音に注意をはらわなければ聞くことができません。そのように、感覚にも運動にも注意の集中が必要であり、そのため、運動機能、感覚機能、およびそれらを統括する脳の機能の進化において、特定の対象に向けて持てる機能をできるかぎり動員するように、機能が高度化したと考えられます。もし、意識が注意の集中あるいは「気づき」ということと同じであれば、動物にもあって当然です。虫にも明らかに注意あるいは気づきといってよいような行動が見られることから、虫のレベルの脳でもすでに単純な意識の内容があり、単純な意識の内容がしだいに複雑化して、人間の意識に至ったと考えることはありうることのように思えます。

自由意志

意識を説明しようとすると、自由意志という難題が現れます。普通、意識を持つ人は自由意志を持っていて、選択の自由度があるときには、自分の意志で選択ができると考えます。例えば、アイスクリーム屋でどのフレーバーを選ぶかは、自分の好みで自由に決めることができると、ごく当然のように考えていることでしょう。しかし、自分の行為を何の束縛もなしに自由に選択できるということは、じつは自然法則に反することです。もし、完全な自由意志があるとすると、過去に束縛されないで未来を決定できることになりますが、自然現象はすべて、力学の運動の法則のように、過去と現在の状態によって未来が決定されるはずです。過去と現在の状態によって未来の状態が完全に決まる系を決定論的な系といい、外部からの干渉のない閉じた系は決定論的だと考えられています。ですから、脳の中の現象もすべて物理法則にしたがっている限り決定論的であるはずで、自由意志はありえないことになります。

決定論的だということは、未来が正確に予測できるということではありません。自由空間の中での物体の運動のような単純な系では、ある時刻の物体の位置と速度がわかれば、それ以後の運動の軌跡が完全に決まります。たとえ位置と速度の測定に誤差があっても、軌跡の推定にある程度の誤差が生ずるだけで、だいたいの軌跡を予測することができます。しかし、カオスと呼ばれる系は、決定論的な系でありながら、未来を予測しようとすると誤差が限りなく大きくなってしまうので、未来を予測することは事実上できません。また、カオスではなくても、複雑な系では過去と現在の状態を十分な精度で測定することができず、ことに系の構造も正確にわからない場合は、事実上未来の予測はほとんどできません。それでも、決定論的でないのではなく、ただ未来の状態の予測ができないというだけです。このように、自然法則に従う限り未来は決まってしまうので、決定論を否定することは自然法則を否定することになり、たとえ意識を持つ脳の活動といえども、科学的立場に立つ限り、決定論的であることを否定することはできません。このような主張は、科学的決定論とも呼ばれます。

アイスクリームのフレーバーを選ぶ場合でも、複雑な神経活動が関与していますから、選択結果が予測困難なことは納得できます。しかし、だからといって自由意志がないのだといわれることに抵抗を感じるわけです。たとえ未来の予測はできないとしても、未来がすでに決まっているというのは気持ちの悪いことで、それでは自由意志がないに等しいと思われるかもしれません。しかし、自然法則に反して自由意志を無理に導入しようとすると、機械の中の幽霊が現れます。前述のエックルスも自由意志の説明に苦慮したあげく、量子効果における不確定性がシナプスの伝達機構に関与しているというような説明を試みました。しかし、不確定性は確率的な現象としてしか現れませんから、未来を特定の方向に向けるように操作するような自由意志の説明には当てはまらない現象です。

一方、未来はすでに決定されているという運命論的な考え方との違いにも注意が必要です。運命論は科学的決定論とは違って、われわれがどうあがこうと未来は決まっているというような認識です。つまり、選択のいかんにかかわらず未来が決まっているということですから、選択が未来に影響を及ぼさないという主張であり、場合によってはそういう状況があるとしても、一般的には未来は選択の結果には依存しますから、一般的に運命論を受け入れることはできません。

わたしは、自由意志の問題の所在は、じつは、実際に未来を操作できるかどうかという点ではなく、自分が自由だと認識するかどうかの問題であり、自分とか自由という概念を内容とする意識があることが本質であり、結局意識の理解に帰着される事柄だと考えています。したがって、意識の理解が進まない限り自由意志の理解もすっきりしないわけで、わたしは、現状では自由意志の問題は棚上げにしておくのが賢明だと考えています。

意識理解の手がかり

意識を理解しようとすると、自由意志のようなやっかいな問題にぶつかり、その問題を先に解決してから意識を考えようとしても、意識以前の問題にはまってしまって動きが取れなくなる恐れがあります。むしろ、意識そのものを理解することができれば、自由意志のような問題は自然に解決されることが期待できます。まだ、意識の説明として、だれもが認めるような確実な知見がほとんどないので、とにかくありそうな作業仮説を考え、事実とつきあわせて妥当かどうかを検証していくのが賢明だと考えています。

そこでまず、意識の内容ということを考えてみます。意識の定義はいろいろあってやっかいですが、「なにか」を意識するという性質があること、すなわち意識に内容があるという点は、ほぼ共通な認識です。その「なにか」が一つなのか複数あってよいのかという問題もありますが、多くの場合意識の対象は一つなのではないかと考えられます。意識の対象が一つに絞られるのは、感覚器や運動系を特定の目的のために動員することと関係して、一つの活動のために身体のすべての感覚器と運動系が動員されると同時に、脳機能もその対象に向けられ、意識の内容は、そこで処理されている情報を反映していると考えるのが自然です。二つ以上のことを意識するという場合があるかもしれませんが、感覚や運動が二つあるいはそれ以上のことを同時に行うのに適していないのと同様に、意識も二つ以上の事柄に向けるのが困難なことはありそうなことです。

そこで、意識は通常は一つの対象に向けられ、その対象についての感覚情報あるいは記憶にある情報が想起されて、意識の内容を形成していると考えることができます。その内容が、神経回路の中でどのように表現されているかということが問題ですが、残念ながらそこがまったくわかっていません。よく取り上げられる例は、おばあさんの顔とか黄色のフォルクスワーゲンを意識したとき、神経回路ではいったい何個くらいのニューロンの活動によって、その意識の内容が表現されるか、という問題で、ごく少数のニューロンでよいとか、あるいは非常に多くのニューロンが必要だというようないろいろな説があり、またどのように表現されているのかもまったくわかっていません。極端には、ある時点での意識の内容は一個のニューロンの発火に対応するという説もあります。もしあるおばあさんの顔を意識したとき，そのときの意識の内容が特定の一個のニューロンの活動に対応するとすれば，そのニューロンはおばあさんを特徴づけるニューロンということになるので，このような仮説はおばあさんニューロン仮説というニックネームで呼ばれることもあります。まさかおばあさんの顔が一個のニューロンで表現できるはずはないということから，おばあさんニューロン仮説はもっぱら批判の対象になっていますが，あえて批判しなければならないのは，おばあさんニューロン仮説を支持する根強い理由があるからでもあります。

実際，多くのニューロンの活動によって意識の内容を表現するという説明は，決して容易ではありません。おばあさんの顔が一〇個のニューロンで表現されるとしても，個々のニューロンの活動が顔の特徴に対応するとすれば，おばあさんの認識には，おばあさんの顔を表現している一〇個のニューロン活動の情報を特定のおばあさんの概念に結びつける論理が別に必要となり，そのおばあさんの概念がまた複数のニューロンで表現されるとすれば，複数のニューロン活動を別の複数のニューロン活動に変換する論理を要することになります。そのような論理の神経回路が可能かどうか，また，たとえ原理的に可能だとしても，学習で形成できるかどうかも問題です。

わたしは，特定の意識の内容が複数のニューロン活動に対応すると考えることには無理があり，むしろ，おばあさんニューロン仮説のように，特定の一個のニューロンの活動が一つの意識の内容に対応するとみなすことが可能だと考えています。ただし，一個のニューロンがおばあさんの顔を表現しているという言い方は適当ではなく、おばあさんの顔の視覚情報を特定のおばあさんという既存の概念に結びつける因果関係が、おばあさんを認知したときの意識の内容であるとともに、その因果関係が特定のニューロンの入力と出力の結合に対応しているとみなすのが妥当だと考えています。

具体的なニューロン活動との対応はともかくとして、意識の内容は何らかの神経活動に対応していることはほとんど間違いないことです。したがって、神経活動の側面からみれば、精神現象はすべて神経活動によって担われており、意識の内容は神経活動に対応した事柄だということができます。一方、精神活動としての意識の内容は、自分の意識の内容を自分で観察することができ、意識の内容を言葉で表現して、ほかの人に伝えることができます。自分で観察するにしろ他人に伝えるにしろ、自分で確認できることは意識できる事柄に限られますから、意識できる事柄は確認できる精神活動の範囲に対応していると考えることができます。もし無意識下の精神活動があったとしても、自分で確認することはできませんし、言葉で他人に伝えることもできません。したがって、意識の範囲は、自分で観察可能であり、本人の協力が得られるかぎり他人も観察できる精神活動の範囲に対応しているということができます。

意識の内容とそれに対応するニューロンの活動はまったく異質ですが、一対一に対応しているわけですから、同じ事柄の別な側面だという理解が妥当です。言語においても、音声あるいは文字で表した言葉とその意味はまったく異質ですが、同じ事柄の別な側面だとみなすことができます。ただ、言葉の場合は音声や文字とその意味を結びつける人がいるわけですが、ニューロンの活動とそれに対応する意識の内容を結びつける機構が脳の中にあるわけではなく、ニューロンの活動と意識の内容との対応自体が精神活動そのものであり、ニューロンの活動を意識の内容に変換する幽霊のような装置は必要ないのです。

ロボットは意識を持ちうるか？

意識の理解は、説明で納得できるような性質の事柄ではないのかもしれません。実際、上に述べたような事柄は、直感的に納得するのは難しいことです。意識の内容は、遺伝情報によるものではなく、ソフトウェアを読み込むように外部から送り込まれたものでもなく、生まれてから成長するにしたがって形成されたものです。もしこのような過程をコンピュータでシミュレーションができるようになれば、子供を育てるようにしてコンピュータを育てると、自然に言葉を覚え、コンピュータの内部で起こる事柄について、言葉で外部とコミュニケーションができるようになるかもしれません。そうなれば、コンピュータの内部ではどんな信号処理がなされていようと、内部の信号と言葉で表現されている内容が対応していて、信号の表現いかんにかかわらず、あたかも言葉で伝えられる内容に対応する意識を持つとみなすことができることでしょう。意識を持つロボットとはこのようなものでしょう。

言語を使うことができなくてもロボットに意識を持たせることが可能かもしれませんが、動物の意識を確認するのが困難なように、ロボットでも言語によるコミュニケーションができないなら、意識を持つことを確認することは困難に違いありません。ですから、もし意識を持つロボットを作ることにチャレンジするなら、人間の言語が使えるロボットを目指すべきです。

意識が解明されなければ、意識を持つロボットを作ることはできないわけではなく、むしろ意識を持つロボットを作ることが意識の解明に至る最短の道だという可能性も考えられます。意識は特殊な意識発現装置の働きではなく、ニューロンの活動のもう一つの側面にすぎないとすれば、意識を理論的な説明で理解するのは困難です。むしろ、言葉で対話できるコンピュータかロボットができて、意識を持つ人と同じように意識の内容を言葉で伝えられるなら、意識があることを自然に受け入れることができるに違いありません。

文　献

(1) ハワード・ガードナー　認知革命　知の科学の誕生と展開、産業図書、一九八七

(2) Gilbert Ryle, The Concept of Mind. The University of Chicago Press, Chicago (1949)

(3) Brial O'Shaughnessy, The Will—A Dual Aspect Theory—. Cambridge University Press, Cambridge (1980)

(4) Daniel C. Dennett, Consciousness Explained. Little, Brown and Co., Boston (1991)

(5) David J. Charmers, The hard problem. In Jonathan Shear ed. Explaining Consciousness—The Hard Problem. The MIT Press, Cambridge (1998)

(6) Francis Crick, The Astonishing Hypothesis—The Scientific Search for the Soul—. Charles Scribner's Sons, New York (1994)

(7) ドナルド・R・グリフィン　動物の心、長野敬・宮木陽子訳　青土社、一九九五

(8) Thomas Nagel, What is it like to be a bat? Philosophical Review **83** : 435–450 (1974)

6章　言　語

―サルとヒトとの決定的な違い―

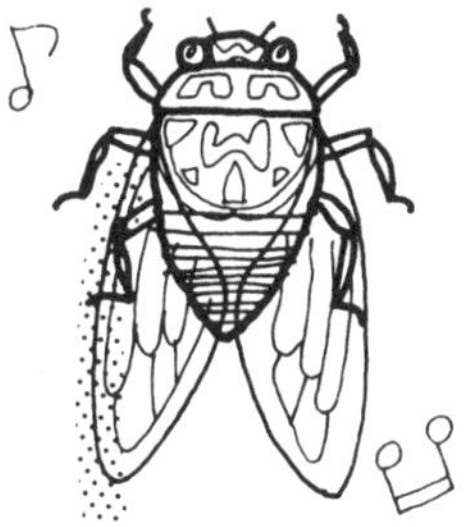

動物から人間へ

言語学者のリーバーマンは、もしイヌやネコやチンパンジーが話せたとしたら、その動物たちを人間と見なさないわけにいかない、といっています（文献1）。つまり、人間と人間以外の動物を区別するのは、話せるか話せないかだけだと主張しているわけです。

話せるか話せないかは教育の問題ではないことは明らかです。これまで、チンパンジーに言葉を教えようとした試みは、成功していません。子供のチンパンジーを人間の子供とまったく同じように育てることによって、一〇〇語以上の単語を覚え、簡単なコミュニケーションができるようになった例はありますが、人間の子供がほとんど例外なしに一歳から二歳の間に完全な言語を習得できるのに比べ、チンパンジーの子供は人間の二歳の子供のレベルにはまったく到達できませんでした（文献2）。チンパンジーは喉頭と咽頭の形態が人と異なるので発声に無理があるのではないかということから、手話で言葉を覚えさせようとした試みもありましたが、やはり言語の習得はできませんでした。このことから、言語の習得は人間の決定的な特徴だと考えることができます。

それでは、言語のほかに人間を人間以外の動物と区別できる決定的な特徴があるでしょうか？感覚器官や運動機能は、人より優れた動物がたくさんいます。人間が優れているとすれば知能ですが、知能は言葉に依存するところが大きいので、言葉のハンディキャップを除外して知能を比べることは容易ではありません。また、たとえ知能が優れていることが証明されたとしても、言語機能と同じ神経機構で実現されているのなら、言語とは独立の特徴ではなく、言語機能と原理的に同一である可能性も否定できないわけです。

そのようなことから、人間と他の動物を区別するのは言語を持てるかどうかだけだという主張はかなり説得力があります。その意味で、言葉の獲得から始まった歴史が人間の歴史だと考えることは、妥当な考え方です。

さて、それでは人間の祖先がいつ言語を持つに至ったのでしょうか?じつは言語の起源についてはあまりよくわかっていません。文字が使われるようになる以前の人類が言語を持っていたことを証明する直接の証拠は残されていません。ですから、化石人類の骨格の特徴や、先人の遺跡についての考古学的な知見から間接的に推定するほかないのです。一つの手がかりは、声道にあたる喉頭と咽頭の形態が、発声に適しているかどうかを調べ、ヒト科の進化のどの段階で発声に適した声道の形態が出現したのかから、言語機能を獲得した時点を割り出そうとするものです。チンパンジーと現在のヒトでは明らかに声道の形が異なっています。特に、ヒトでは、舌によって咽頭の空洞の形を自由に変えられるようになっており、また、空気の通路である喉頭の開口部が、食物の通路である咽頭の低いところにあり、咽頭を発声のための共鳴器として使えるような構造になっています。しかしこの構造では、食物の通路と空気の通路の共通部分が長くなり、食物が気道に入る危険が増すので、ヒトでは食物を確実に食道に送り込むことを犠牲にしても、発声のための必要から、ヒトのような声道の形態が進化したと考えられています。

一説によると、このような声道の形態の特徴は、新人にきわめて近いと考えられているネアンデルタール人でも完成されておらず、したがって、ネアンデルタール人は言語を持たなかったか、持っていたとしても発声できる音がかなり限られていたという主張がありますが、これには反論があり、まだ確実なことはわかっていません。

いずれにしても、言語機能は新人か新人にごく近い先人に至って出現したことは確かで、それ以前にプロトランゲージと呼ばれるような原始的な言語があったとしても、それが新人に至って急速に進化したものと考えられています。

言語を獲得するには、発声に適した声道の形態が必要ですが、それだけでは言語機能を持つことはできません。確かにチンパンジーの声道は発声に適した形態ではありませんが、チンパンジーが言語を習得できないのは、発声器官の問題ではありません。もし発声器官だけの問題なら、手話で言語を習得できるはずですが、手話で言語を教えようとした試みも成功しませんでした。したがって、新人の出現の時点で、声道の形態とともに、言語処理のための脳機能が一緒に進化したと考えられます。

動物のコミュニケーションと言語との違い

動物は、食物を探したり捕食者から逃れたりするために、視覚、聴覚、嗅覚、味覚、触覚など感覚が発達したと考えられます。感覚はまた、個体間のコミュニケーションに用いられるようになり、ことに多くの鳥類や哺乳類では、鳴き声によってさまざまな情報を交換できます。例えば、鳴き声で捕食者の襲来を知らせるだけでなく、鳴き方で捕食者の種類も区別しているということです。また、サルは気分や情動を表情や音声によって伝えることができるといわれています（文献3）。しかし、動物のコミュニケーションの手段のほとんどは生まれつき備わっているもので、鳥の鳴き声が親から子に伝わるような場合のほかには、種によって決まっていて、子孫に継承されることはほとんどないということです。

ところが、人間の言語は、コミュニケーションの内容を言葉で伝えるだけではなく、言葉を子孫に伝えることができる点が決定的に他の動物のコミュニケーションと違っています。ヒト科の進化の過程では、言語よりむしろ道具や火の使用の方が古く、したがって言語の獲得によって道具や火が使えるようになったのではなく、むしろ言語も道具や火と同様に、代々子孫に伝えることのできる生活技術として進化したものと考えられます。しかし、もし道具や火をすでに使用していたネアンデルタール人あるいはほかの先人が言語を持てなかったとすると、子孫に継承できることが言語を持つことの必要条件ではあっても、十分条件ではなかったとも考えられます。すなわち、学習したことを子供に伝えることのほかに、言語機能として不可欠ななにかがあったのかもしれません。そのなにかが、ヒト科の進化の最終段階において、新人に突如現れたとも考えられます。しかし、知恵の継承と言語機能の獲得は同じ機構によって実現されたと考えることも無理ではないので、もしそうであるなら、その機構は新人の祖先ですでに獲得されていたけれども、新人に至って言語機能が急速に進化したということになります。

言語が新人の出現まではヒト科のどの種にも現れなかったと断言することは困難ですが、おそらく新人が言語を操る上で新たな性質を獲得したために、言語機能が急速に高度化したものと考えられます。また、ヒト科の中で新人だけが存続できたのは、言語の獲得の適応度への貢献が非常に大きかったため、言語を持たないヒト科の他の種がすべて淘汰されてしまったという可能性が考えられます。学習したことを子孫に継承できるようになったことは、それまで遺伝子を介してしかできなかったことが、遺伝子を介さずにできるようになったわけですから、生命の歴史において革命的な出来事です。その最も顕著な特徴として言語が現れ、その後の生き方を変える決定的な要因となりました。

動物のコミュニケーションと人間の言語の違いとして、言語には文法があること、抽象的な概念を表現できること、語数がほとんど無制限であることなどが挙げられます。しかし、人間にとって言語がはたした決定的な役割は、知恵や技術の継承を可能にしたことで、その結果、動物のコミュニケーションからは起こりえなかった地球規模の生態系の大異変を起こす原因となりました。

言語処理回路はあるのか？

言語を持つにはどんな神経回路が必要か、ということについてはまだほとんどわかっていません。チンパンジーが言語を習得できないことなどから、言語の習得には生まれつきの機構、すなわち遺伝的に決定される何らかの機構が必要だと考えられています。しかし、言語学者のチョムスキーが言語モジュールと呼んだような構造が、神経回路としてあらかじめ脳に作りこまれているかどうかは、まだ定かではありません。

大脳皮質に、言語機能に対応する部位があることは古くから知られています。言語機能は通常は大脳皮質の左側にあり、ウェルニッケ野とブロカ野が言語機能を担っているとされています。ウェルニッケ野あるいはブロカ野に障害が起こると失語症が発症し、ウェルニッケ野が障害されると聞く機能が障害され、ブロカ野が障害されると話す機能が障害されます。このことから、ウェルニッケ野に言語を認識する回路があり、ブロカ野に発話機能の回路があると考えられてきました。

しかし、このことは必ずしも、ウェルニッケ野に言語認識の神経回路が、またブロカ野に発話機能の回路が遺伝情報によって個体発生の段階で形成されたことを示しているとはいえません。なぜなら、脳梗塞などでウェルニッケ野あるいはブロカ野が障害され、失語症が発症した場合でも、リハビリテーションによって、かなりの程度まで言語機能が回復する例が多いことから、言語機能は皮質の他の部位で代償することができると考えられます。したがって、言語処理には生まれつき備わっている言語処理回路が必要ではないことになり、チョムスキーが言語モジュールと呼んだ言語処理回路は、それほど特殊なものではなく、大脳皮質の別な部位でも代償できるような一般的な神経回路でよいという可能性も否定できなくなります。

けれども、新人に至るまで、ヒト科のほかの種は言語機能を獲得できなかったとすれば、言語機能にはそれまでの皮質の神経回路になにか変更が加えられなければならなかったと考えられます。いまだに言語処理の神経回路がまったくわかっていませんが、言語機能の解明にはこれらの背景を考え、妥当な仮説を導き、神経回路を作り、シミュレーションを試みるというような研究が、もしかすると言語の謎の解明への最短のルートかもしれません。

言語による生き方の革命

言語を獲得したことによって、新人の生活は一変しました。言語の成立にどれだけの期間がかかったか定かではありませんが、ヒト科の歴史から見ればかなり短い期間に完成したもののようです。言語の進化は学習内容の継承によることなので、基本的な言語処理の神経回路が獲得された後は、遺伝的な性質の進化は必須ではなく、遺伝的性質の進化に比べて短期間に言語が進化したことが考えられます。言語は、生命の歴史始まって以来、かつてなかった現象であり、ヒト科の他の種が絶滅したことが、言語を獲得した新人の優位性によるとすれば、言語を持ったことが革命的であったことが想像できます。

言語を獲得した新人は、ヒト科の他の種に対して優位であっただけでなく、他の生物種や自然の脅威にも耐え、生息範囲を拡大させていきました。しかし、その間に新人同士の厳しい生存競争があり、言語機能がその優位を決める重要な要因の一つであったことが想像されます。なぜなら、発声に適した咽頭と喉頭の形態が進化したのは、言語を獲得した唯一の種である新人同士の淘汰圧以外の要因は考えられないからです。それだけ、言語機能は生存を左右する重要な要素であったことは明らかで、そのため言語は短期間に極限まで進化したことが想像されます。

新人は、言語を獲得した後、他の生物種やヒト科の種が決定的な脅威ではなくなり、むしろ新人同士の争いが最大の脅威となりました。そのため、よい生息地を失った多くの新人が、より条件の過酷な地域での生活を余儀なくされ、その中で過酷な条件で生きる知恵を獲得したものが、新たな生息地で生き続けることができるようになりました。そのようにして、新人は東アフリカからアフリカ大陸、ユーラシア大陸、アメリカ大陸の全土に、また当時陸続きであったオーストラリアにも広まっていきました。

生息地の拡大とともに、生活様式が多様化し、言語も多様化しました。今日、言語は六〇〇〇もあるといわれ、それぞれが独自の文化や生活様式と結びついています。このことから、言語を持つことは生存に不可欠な要素であったけれど、言語の違いには決定的な優劣はなかったと考えられます。むしろ独自の言語が集団の結束を強め、言語の違いが他の集団の侵略を受けにくくするというような状況において、言語に違いがあることがそれぞれの集団の存続に有利に作用したという可能性も考えられます。

このように、言語を獲得した新人が、多様化しながら世界中に生息地を拡大していったことは、海底火山の噴火になどよってできた新しい島に運ばれてきた生物種が多様化して、新しい生態系を形成する場合と似ています。新たな生息地において生物種が多様化する現象は適応放散と呼ばれます。言語の多様化は、見かけ上は適応放散と同じような現象ですが、これは遺伝子の変化ではなく、継承される事柄における現象であり、生命の歴史において、かつて起こったことのない出来事です。それまでの進化の過程では、すべての変化が遺伝子の変化によってのみ起こりえたのに対して、新人ではそれに匹敵するか、むしろ遺伝子の変化を超えるような大きな変化が、遺伝子によらない継承メカニズムによって可能になったわけですから、生命の歴史においてまさに革命的な出来事です。

意識へのアクセス

言語を持つことによってなにが可能になったかは、言語によるコミュニケーションがとれない場合と比較すれば、よくわかります。言葉がわからない幼児でも、表情を見ていれば、痛みや苦痛の有無や、うれしいとかおかしいといったような感情を読み取ることができます。ペットでも、気持ちよさそうにしているとか、おびえているというような、心の内を察することができます。しかし、表情や態度から察することのできる事柄は、言語によるコミュニケーションによって得られる情報と比較すると、きわめて限られています。幼児でも、なにか苦痛を感じて泣いていることがわかっても、どこが痛いのか、どのように苦しいのか察しがつかないことがしばしばあります。言葉がわかるようになれば、親は気持ちを察することができないという不安から開放されます。

言語によるコミュニケーションは、食物とか外敵のような外界の対象についての情報だけでなく、心の内部の情報も伝えることができるのが大きな特徴です。心の内部といっても、無意識の精神活動（もしあればですが）は伝えることができませんから、言語によって伝えられるのはあくまで意識できる範囲です。言語によって、痛みを訴える場合のように主観的情報を積極的に他人に伝えることができ、また、他人からどこがどのように痛むかを問うことによって、痛みという主観的情報にアクセスすることができます。

主観的情報，すなわち意識の内容は，言語によるコミュニケーションがとれない場合には観察の対象となりませんでしたが，言語によるコミュニケーションによって，アクセス可能な情報となりました。もちろん，意識の内容にアクセスするには，伝えようとする意志を持つことが前提となります。言語の表現力が伴わなかったり，意図的に嘘をついたりすることもありますから，得られる情報はいつも正確だとは限りませんが，信頼関係が保たれている限り，原理的に意識へのアクセスが可能だと考えることができます。

意識にアクセスできるということは，意識が客観的な観察の対象となるということで，画期的な事柄です。意識の内容を，客観的な対象ではないとして，研究対象からはずしてしまった行動主義の立場は，この点で誤りであったということができます。意識の内容はつねに誤りなく観察できるわけではありませんが，一般の測定でも誤差を完全に除くことはできませんから，意識の観察がとくに不正確だとする理由はありません。場合によっては，意図的に嘘の報告をするような場合のように，意識の内容とまったく違っていることがありますが，一般の測定でも思いがけない要因によって測定結果が大幅に乱されることはしばしばありますから，意識の報告がほかの測定に比べて特に不正確だということはできません。

他人の意識の内容にアクセスできるということは，自分の意識の内容と他人の意識の内容を比較することが可能だということで，同じ意識の内容を共有することも可能となります。意識の内容の共有により、外界の事物だけでなく、意識の内容についても共有できる概念形成が可能になります。したがって、外界の事物とは直接に対応づけられない抽象概念も、意識の内容として確認し合うことにより、共有できることになります。例えば、愛という概念は、さまざまな経験や物語などの事例から確立された共有概念であり、日常の出来事に愛という言葉が用いられるたびに、共有概念として妥当であることが確認されていると考えることができます。

このように、言語により他者の意識へのアクセスが可能になったことから、抽象概念が生まれ、意識の対象が拡大していったと考えられます。したがって、言語を持たない幼児の心の世界は、単に言語で表現できないというだけでなく、意識は持っているものの、言語によるアクセスによって獲得される共有概念をまったく持たない世界であるわけです。それは、ある意味では不純な概念を持ち得ないという点で純粋であり、また個人の成長はだれもが白紙の状態から出発するという点で、どんな言語もどんな文化も受け入れることができる柔軟性を持っているということができます。

言語によって開かれた世界

言語はコミュニケーションの手段として発達した機能ですが、言語で表現される対象は、獲物の発見や外敵の危険を仲間に知らせるというような、動物でもすでに持っていた情報だけではなく、抽象概念のような、言語の獲得によって新たに発生した情報も加わりました。言語の出現は、その結果として、コミュニケーションの効率を高めるという段階をはるかに超えて、意識によって担われる精神活動に、広大な新たな世界をもたらしました。言語を獲得した新人は、言語によって継承される生活の知恵を所有することに加えて、意識の中で体験できる広大な空間をも所有することになったわけです。

人間は、地球上の物理的空間においては、他のすべての生物と共有する生態系のなかにある一つの生物種にすぎませんが、広大な精神的な空間を所有している点においては、チンパンジーのような最も高等な動物と比べても比較にならない存在です。この点において、人間の問題は、生物理解から類推できる範囲をはるかに超えてしまっているので、その理解には特別な手法が必要となるとしても不思議ではありません。

人間の精神活動に新たに出現した世界は、言語の獲得によるものですから、言語の性質と切り離すことはできないわけです。ウィトゲンシュタインは、多様な人間生活が言語に織り込まれているという事情を、言語ゲームという概念でとらえていますが、そのとらえ方が人間理解にどれだけ助けになるかはともかくとして、人間理解の根源をつきつめれば言語に行き当たるということは間違いないことです（文献4）。人間の特徴は、言語によって開かれた世界にあるといっても過言ではなく、人間理解に至るには言語の性質の理解を避けて通ることはできません。

文　献

（1）Philip Lieberman, Eve Spoke—Human Language and Human Evolution. W.W. Norton Co., New York

(1998)

（2）ジェリー・H・ギル　チンパンジーが話せたら、斉藤隆央訳　翔泳社、一九九八

（3）Peter Marler, Animal communication and human language. in Nina G. Jablonski and Leslie C. Aiello eds. The Origin and Diversification of Language. Watts Symposium Series in Anthropology, San Francisco (1998)

（4）ルートヴィヒ・ウィトゲンシュタイン　哲学探究、藤本隆志訳　ウィトゲンシュタイン全集8、大修館書店、一九七六

7章　文　化

―遺伝に匹敵する大原理―

遺伝によらない継承メカニズムの出現

ダーウィンの進化論によって、獲得形質が子孫に伝わる可能性が否定され、近年の分子生物学によって、遺伝のメカニズムが分子レベルで理解されるようになり、ダーウィンの説が正しいことが裏付けられました。進化は、ただ遺伝子の突然変異と淘汰によってのみ起こると考えなければなりません。遺伝の基本的なメカニズムは、現存するすべての生物種においてまったく同じですから、生命の歴史のごく初期から変わっていないことは明らかです。生物個体の性質は、遺伝子が複製されることによってのみ子孫に伝えられるので、個体がどんな性質を獲得しても、遺伝子に変化が起こらない限り、遺伝のメカニズムによっては子孫に伝えられることはありません。すなわち、遺伝子に変化が起こらない限り、獲得形質は決して遺伝することはないのです。

しかし、もし個体の性質が遺伝子を介さずに子孫に伝えられる新たなメカニズムが出現すれば、それは遺伝ではありませんが、獲得形質が子孫に継承されることになります。獲得形質が子孫に継承されないという法則は、あくまで遺伝子を介するメカニズムについての法則であって、別なメカニズムによる継承の可能性を否定するわけではありません。実際、親が感染している寄生生物に子も感染するという場合は、遺伝子を介さずに親の性質が子に伝わります。原理的には、遺伝子を介さない継承メカニズムがもっと現れてもよかったかもしれませんが、現実には、ヒト科の出現に至るまで、遺伝に匹敵するような継承メカニズムは出現しませんでした。

ところが、人間の祖先のヒト科の種の中に、遺伝のメカニズムによらずに、個体が獲得した性質を、かなりよく子孫に伝える手段が現れたのです。それは、ヒト科の中で、のちに新人（ホモ・サピエンス）が現れるホモ属に出現したようです。ヒト科の祖先は、九〇〇万年前ころにチンパンジーやゴリラとの共通の祖先から分かれ、まず、脳が五〇〇グラム程度のアウストラロピテクスが現れました。アウストラロピテクスはあまり急速に進化することなく、一二〇万年前ころまで生息していました。しかし、その中から、およそ二〇〇万年前ホモ属が現れ、その中にホモ・ハビリスと呼ばれる新種が出現し、急速な進化をとげました。われわれ新人は、その子孫かごく近縁の種の子孫だと考えられています。ネアンデルタール人もまた、ホモ・ハビリスの子孫だと考えられています。

ホモ・ハビリスは「器用なヒト」という意味で、石器を使用したことからそのように名づけられました。石器を使うということは、自然の石を加工して使うようになったということで、たまたま器用な個体が石を割ったというだけではなく、石を割る技術を継承することができるようになったことを示しています。おそらく、言語はまだありませんでしたが、薄く加工した石が肉などを切るときのナイフに使えることやそのための石の加工法を、子孫に伝えることができるようになったわけです。

石器のような道具の使用の継承には、新たな脳機能が必要であったと考えられます。ことに、ホモ属において脳の大きさが急速に増したのは、道具の使用が脳の拡大を促したのではないかと考えられます。すなわち、脳機能が増すことによって道具の使用の効果、すなわち適応度への貢献が増したとすれば、道具の使用が始まってから脳の拡大が加速したことが理解できます。また、道具の使用には手の複雑な運動を必要とすることから、手の形態の進化と並行して、手の自由度を最大限に活用するために脳の進化が促されたと考えられます。

言語の獲得によって、道具の製作や使用法の継承がより効率的になったことは当然考えられることです。しかし、もしネアンデルタール人が、脳の大きさが新人と同程度で、石器や火を使用したのに、言語を持たなかったとすると、言語の使用が必ずしも大きな脳と対応していないことになります。むしろ、言語を使用せずに道具の製作法や使用法を継承するために脳が拡大したけれども、言語の獲得によって技術の継承が容易になり、脳機能の負担が軽減されたという可能性も考えられます。すなわち、言語なしで技術を継承していくには高度の脳機能が必要だったために、大きな脳を必要としたのかもしれません。もしそうなら、言語を獲得した後は、大きな脳はさしあたり必要ではなくなり、むしろ発声機能の向上が適応度に大きく寄与するようになったため、言語を獲得した新人において、声道の形態が急速に進化したと考えることができます。

新たな継承メカニズムによる大変革

このように、ホモ属の出現を契機に、それまで遺伝によってしかできなかった子孫への継承の機能が、遺伝によらなくても可能になったので、子孫に継承される事柄が爆発的に増大したと考えられます。その結果、ホモ属のヒトごとに新人に至っては、自然の脅威や、また他の種からの脅威は、継承される技術や情報の蓄積によってしだいに克服され、その結果個体数が急速に増加し、新人同士の争いが最大の淘汰圧となったことが想像できます。

新人の出現において，生活に役立つ事柄を継承し言語を操るのに必要な遺伝的性質はすでに獲得されていたので，淘汰圧によって選択されるのは，直接的には遺伝子ではなく，継承される事柄であったことでしょう。遺伝的には同等でも，継承される知恵を持つものが子孫を残し，継承される知恵が貧弱なものは子孫を残せないとすれば，その生存の知恵が，遺伝的形質と同様に子孫に継承されていったと考えられます。

遺伝子を介さずに子孫に継承される事柄は，すべて文化だとみなすことができます。古代社会の生活習慣や祭儀の様式は何世代も正確に継承され，社会集団のアイデンティティを形成していたと考えられます。遺伝的には同一でも，継承される事柄に違いがある場合，例えば衣装や祭儀の様式の違いがあれば，あたかも違う生物種であるかのように，互いに識別される集団を形成します。このような事柄によって特徴づけられた社会を，生物種と似ているという意味で，エリクソンは擬似種と呼びました（文献1）。また，文化は遺伝子を介することなく子孫に継承されるので，ドーキンスは仮想的な文化の継承の担い手を仮定し，それを遺伝子（gene）になぞらえてミーム（meme）と呼びました（文献2）。

遺伝によることなく子孫に継承される事柄は，少なくともホモ・ハビリスにおいて，石器を使用するような文化としてすでに出現していましたが，新人の出現の後に爆発的に発展したわけです。新人の出現以前にも，石器などの形を残すような文化のほかに，祭儀の様式や生活習慣などさまざまな事柄が代々継承されていたことでしょう。新人に至って言語を獲得した後は，神話，タブー，迷信などさまざまな特性が言語によって継承されたことが想像されます。

言語によれば、継承される事柄の意味が理解できなくても、言葉を丸暗記することによって継承することができます。いわゆる伝承は、代々正確に伝えられたとしても、その内容がいつも理解されていたわけではなかったことでしょう。今日でも、子供のころ意味もわからずに覚えた「いろはカルタ」などの言葉の意味が、大人になってから理解できるようになり、生活の指針として役立つことが少なくありません。

いろはカルタは、生活の知恵のエッセンスをいわばコード化して伝えているわけで、必要なときになってコード化された内容が、生活の知恵として活かされて機能するわけです。遺伝子もコード化された情報の集まりであり、個々の遺伝情報は必要なときに読み出されて機能するわけで、それが遺伝子発現と呼ばれる現象です。このように、遺伝子との対比からも、継承すべき事柄を言語によってコード化することにより、継承をより正確に、より容易に行うことができるようになったことが想像されます。

言い伝えの効用

文化の本質が継承されるという性質にあるとすると、「言い伝え」はまさに文化の好例です。おそらく文明の発達する以前からごく近年まで、あるいは今日においてさえ、生活に必要な知恵の多くが、論理的な説明ではなく、言い伝えのような実践的な知恵として継承されてきたのではないかと考えられます。実践的な知恵の多くは、なぜそうなのかは二のつぎで、とにかく実践することが求められてきました。言い伝えの中には、今日の知見、ことに科学的な知見に照らし合わせて、間違っているとみなされる場合も多く、間違った言い伝えは迷信とみなされます。しかし、たとえ間違っているとしても、何世代にもわたって継承されてきた事柄は、文化とみなさなければなりません。

言い伝えは、獲得した知恵を子孫に伝えるということですが、子孫に役に立つ知識が必ずしも論理的に表現されているとは限りません。例えば、ユダヤ民族の間で食事の前に手を洗うという習慣が守られてきたのは、不潔な手で食事をすると病気にかかるという説明ではなく、民族の掟として定められていたからであり、それを守らなければ民族の一員としてのアイデンティティを失ったわけです。おそらく、この掟によって多くの人々が細菌感染の危険から守られてきたことでしょうけれど、その効用が科学的に理解できるようになったのは、細菌が発見されて以降のことです。

近代になって科学が発達した後には、継承されてきた事柄の効用が科学的に説明できないという理由で迷信とみなされ、捨て去られたものが少なくなかったことでしょう。例えば、司馬遼太郎は「手掘り日本史」の中で、古くから伝えられてきた石田散薬という薬について記しています（文献3）。石田という所は現在の日野市にあり、新選組の有力メンバーであった土方歳三の出身地でした。石田散薬という薬は怪我や病気にはなんでも効くといわれていましたが、雑草のような草から作られ、草を刈って蒸して日に干し、乾燥してから細かく砕くまでの全工程を一日でやってしまわなければ効果がないとされていました。そのため、薬を作るために日を定め、村人が総出で薬作りをしたということです。ところが、明治になって民間薬の効能が調べられ、石田散薬はまったく薬効がないということがわかり、それ以来薬は作られなくなったとのことです。しかし、司馬遼太郎は、毎年村人が総出で薬作りをするとことによって、力を合わせて一つのことに当たるという伝統が継承され、その中で育った土方歳三が、新選組の組織をまとめるのに力を発揮できたのではないかということを指摘しています。

また、アルフォンス・ドーデの戯曲「アルルの女」には、「ばか」と呼ばれる知恵遅れの男が登場します（文献4）。フランスには「家にばかがいると災難が来ない」という言い伝えがあって、ばかと呼ばれるような知的障害者は大切に扱われていたということです。ドーデはこの作品を通して、迷信だとみなされているような言い伝えの中にも、今日の文明に欠けている知恵のあることを指摘しています。今日では、知的障害者の多くは施設に入れられますが、それには多大な経費がかかり、それでも本人も家族も幸せだとはかぎりません。ところが、「家にばかがいると災難が来ない」という迷信が存在しえた社会では、社会福祉に多大な費用を割くことなく、それでいて本人も家族も満足して暮すことができたのです。今日の文明は、この迷信に匹敵する知恵を持っていません。

これらのことからわかるように、継承されてきた事柄の多くは、たとえ迷信とみなされるようなものでもそれなりの効用があり、遺伝的な性質と同様に適応度すなわち子孫を残すことに貢献したと考えられます。しかも、ドーデの作品の例からもわかるように、迷信の中には現代文明をしのぐ知恵が隠されていることもありうることです。

伝承の起こり

伝承の内容は、子孫に知恵を伝えようとして意図的に考え出された事柄とは限りません。むしろ、なにかのきっかけで偶然に伝えられるようになった事柄が、実際的な効用によって定着したことも多かったことでしょう。それはちょうど突然変異によって生じた変異遺伝子が、適応度に貢献する場合に生き残り、子孫に伝えられるようになるのと同様です。遺伝子の場合、適応度に貢献するものが、個体群の中に多くのコピーを作り、その個体群を特徴づける性質となるのと同様に、言い伝えなどによって継承される事柄も、消えずに残ったものは集団の中で共有され、集団のアイデンティティとして定着したと考えることができます。

もし伝承の起こりが偶然の出来事であるなら、突然変異と同様に、あらゆる可能性の中からランダムに生ずるので、適応度に貢献するようなものが生ずる確率は小さくても、まれには、論理的な思考からはとうてい生み出すことのできないような驚異的な知恵が、偶然に出現しうるということが理解できます。世代を重ねる間に、生物種の性質の進化と同様に、継承される内容も偶然の修正が繰り返されて、より完成度の高いものに変化していったと考えられます。近代の学問が発達する以前の社会では、タブー、神話、掟、祭儀の様式などがこのようにして生まれ、それらに忠実に従わなければ生きられないような強い拘束力を持ち、代々正確に継承されていったことが想像されます。

伝承の起こりが偶然であったとすると、同じことが繰り返し起こる可能性は低く、少なくとも文字のなかった時代には、ひとたび伝承が途絶えれば、再び生き返らせることは期待できなかったことでしょう。たとえ文字で記されたとしても、伝承の効用は、集団の構成員がみなその伝承を無条件に受け入れて実践しないかぎり、記録にとどめられているだけでは機能しません。遺伝子でも、ひとたび種が絶滅すれば、同じ遺伝子を持った種がまた生まれる可能性はほとんどありません。ひとたび消滅してしまえば二度と生き返らせることはできないという点で、伝統の文化を守ることは、種を絶滅から守ることと同様です。

伝承によって継承される事柄の作用は、言語によって表される情報が意識の内容を決定し、意思決定を左右すると考えられます。したがって、伝承の内容は神話のような非現実的な物語であってもよいわけで、それが実生活において行動を規制し、子孫を残すのに貢献する場合に、世代を超えて伝承されるようになると考えられます。しかし、伝承の効用が発揮されるには、特定の社会的背景がなければなりません。

近代化される以前のタブーや迷信は、今日の社会の中ではもはや効力を発揮することができないとしても不思議ではありません。だからといって、タブーや迷信に代わりうるものがあるとは限りません。したがって、近代化のような大きな社会変革が起これば、生態環境の破壊によって多くの生物種が絶滅したように、多くの伝承が失われたことでしょう。たとえ文字による記述として伝承の内容が保存されていても、それが生かされる社会環境が失われれば、もはや伝承の実生活における効用をとりもどすことができません。

芸　術

芸術も継承される事柄です。芸術の起源は定かではありませんが、絵画や音楽のように、言語に依存しないものは、言語の出現以前にも存在した可能性を否定できません。石器にはたいへん美しいものがありますから、美の感覚を持っていたことは考えられることです。

一万三〇〇〇～八〇〇〇年前の期間のものとされているラスコー（フランス）やアルタミラ（北スペイン）の洞窟壁画は、明らかに芸術と呼ぶにふさわしいものです。これほどの高度の技法が急に出現したとは考え難いことから、壁画の技法が何世代にもわたって継承され、より美しいものが求められることから技法が高度化し、同時に美の感覚が洗練され、芸術性が高められていったと考えられます。

近代においても、芸術には伝統の継承という側面が強く残っています。絵画や彫刻などの技法でも、手本を忠実に模倣するような訓練によって、伝統の技法を継承することに多大な努力がなされてきました。古典といわれるような芸術作品の多くは、おそらく長い期間伝統が忠実に継承され、しだいに洗練されていった頂点にあたる作品であったことでしょう。芸術には独創性が強調されることがありますが、基本的には模倣、つまり忠実なコピーを作るというプロセスが不可欠であって、その点で遺伝に匹敵する継承のメカニズムが機能していたことが、芸術の発展の根底にあったと考えることができます。

このような芸術の基本としての模倣という概念は、ミーメーシス（memesis）と呼ばれてきました（文献5）。ミーメーシスは、ただ技法としての模倣だけではなく、対象の事物、例えば自然の風景、動植物、人物などに認められる美を写し取るという意味も含んでいます。その場合には、完全に対象の事物をコピーすることはできないので、対象の事物の中の美を発現する要素を抽出して写し取る必要があります。それにはまたそれなりの技法が必要ですが、技法が継承されて高度化するという過程を経て、単純な線で描かれた形の中に対象の事物の美的要素が正確に写し取られるというような、完成の域にまで到達することもありえたでしょう。ミーメーシスは、古典芸術の基本概念であると同時に、芸術の継承と深い関係にあります。手本を模倣するという意味でのミーメーシスによって芸術が継承されると同時に、継承の過程でより美しい作品が求められるという状況において美的レベルの低いものが淘汰され、ミーメーシスの技術と同時に美を求める感覚も高度化していき、芸術を創造する側と受け入れる側の双方のレベルの向上によって、芸術性の高い作品が生まれてきたと考えることができます。

ところが、近代の芸術に至ると、ミーメーシスとしてはとらえ難い種類の芸術が現れました（文献6）。それは、ミーメーシスに対してエピファニー（epiphany）とも呼ばれ、顕現と訳されることもあります。ミーメーシスが手本あるいは対象の事物の中にすでにあるものを写し取るのに対して、エピファニーは無かったものが現れるという概念です。例えば、シュールレアリズム（超現実主義）は、現実に束縛されることなく、超現実を創造しようとして起こされた運動です。現実に束縛されなければ無限の自由度がありますから、エピファニーという概念が導入されたことによって、芸術の可能性が無限に広がったとも考えられます。

しかし、純粋の自由意志が存在しえないのと同様に、意識の中に過去に束縛されない内容が自由に出現することは考え難いことです。したがって、純粋のエピファニーは、ただ偶然でしかありえないかもしれません。

エピファニーという概念は、近代の芸術における新たな運動としてとらえられた概念ですが、すでにあるもののコピーではなく、なかったものが現れるという意味では、芸術に限ることなく適用することができるはずです。科学は、事実を記述することから始まり、事実の中に法則性を発見し、事実に関する知識や法則を蓄積してきました。科学では発見に大きな価値が与えられていますが、英語でディスカバリー（discovery）といわれるように、カバーをとることによってそこに見出される事柄ですから、もともとそこにあったものだけが対象となります。科学において、過去にまったくなかったものを創造するのを妨げる理由はありませんが、少なくとも従来の科学はディスカバリーの価値を高く評価してきたので、芸術と比較すれば、科学はまだミーメーシスの段階にとどまっているといえるかもしれません。その意味では、芸術は科学より二〇〇年くらい先を行っているということもできるかもしれません。

文　献

（1） Erik H. Erikson, Ontology of ritualization in man. Philosoph. Transact. Royal Soc. 251B 337–349, London (1966)

（2）リチャード・ドーキンス　利己的な遺伝子、日高敏隆・岸由二・羽田節子・垂水雄二訳　紀伊国屋書店、一九九一

（3）司馬遼太郎　手掘り日本史、文藝春秋社、一九九〇

（4）アルフォンス・ドーデ　アルルの女、桜田左訳　岩波書店、一九四一

（5）Gunter Gebauer, Christoph Wulf, Memesis. University of California Press, Berkeley (1992)

（6）Charles Taylor, Sources of the Self. Harvard University Press, Cambridge (1989)

8章　自　己

—実体があるのか、それとも幻想か—

個体発生から人格形成へ

動物の発生の過程では、一個の受精卵が分裂を繰り返し、受精卵と同じ遺伝子を持ついろいろな組織の細胞に分化し、器官が構築されていき、やがて単独に生きていくことのできる個体が構築されます。この過程は、個体発生と呼ばれます。個体発生の過程では、母体は酸素や栄養素などの物質を供給するだけで、細胞の分化や器官の構築に必要な情報はすべて胎児の細胞が持っている遺伝子から読み出されます。したがって、生まれてくる個体の性質は、その個体が持つ遺伝子によってほぼ完全に決定されると考えることができます。

各個体は、一卵性双生児やクローン個体以外では、それぞれの個体特有の遺伝子を持ち、その遺伝子が個体の特徴を決定します。もし他の個体の組織を移植しようとすると、細胞を構成するタンパク質の構造が個体によって異なるので、その違いが免疫細胞によって認識され、拒絶反応をひき起こします。このように、身体の組織は、ミクロのレベルで個体の違いがはっきり決まっており、その出発点は受精卵ですから、生物的な意味での個体は、受精卵において決定され、一生その性質を変えることなく持ち続けると考えることができます。

遺伝子は臓器、器官の発生を制御し、感覚器や脳もその例外ではありませんから、性格や知能にも遺伝子の違いによる差が現れることは否めません。しかし、人間の脳はきわめて可塑性が高く、生まれてから多くのことを学習します。したがって、性格や知能は学習による違いが大きく、よほど重要な性質が欠落していないかぎり、成熟した個体に至っては、遺伝子の違いによる差は決定的ではなく、むしろ、文化的背景、家庭環境、教育など、成長の過程で体験したさまざまの出来事によって、個人としての人間が形成されると考えられます。

このように、人間の個人としての特徴すなわち人格は、成長の過程で環境の影響を強く受けて形成されます。ことに人間が高度の文化を持つに至ってからは、教育によってさまざまな事柄が継承されるようになり、脳には言語をはじめ、おのおのの個体の属する社会集団の文化的特徴がコピーさて定着します。したがって、ひとりの人間の発生は、受精卵から始まって、人格形成に至るまでの全過程であるとみなさなければなりません。個人の性質を決定する要素としては、遺伝と文化が決定的に作用していると考えることができます。そのため、遺伝的性質がまったく同じである一卵性双生児の場合でも、違う文化的背景の中で成長すれば、成人に至ってはまったく異なった性格を持つようになるとしても不思議ではなく、また同じ文化的背景の社会においても、遺伝子に差があれば、性格が大きく異なることが起こることも当然です。

ヒト以外の動物では、遺伝以外の継承のメカニズムがほとんどありませんから、個体発生は遺伝情報のみによる過程だとみなすことができますが、人間の場合は、ひとりの人が生まれてから成人に至るまでの過程では、遺伝による個体発生とともに、遺伝によらない要素が、個人の性質を決定する重要な役割をはたします。

人間は、成長に長い期間を要します。普通二〇歳で成人とみなされ、成人式が行われますが、文化の継承という点では、その後も長い期間をついやすことがあり、継承の完結という意味での成人の時期は、一概に年齢で決めることはできません。人間の寿命が、生物的に子孫を残すのに必要な年齢よりはるかに長いことは、文化の継承の完結が適応度に貢献するところが大きかったことを示しているとも考えられます。また、高齢の個体が文化の継承に貢献するところが大きかったために、寿命が長くなるように進化したことも考えられることです。

個体と自己

成長した人間は、ひとりひとり識別できるような容貌とともに、遺伝的特徴と文化的特徴を持ち、また名前が与えられ、社会の構成員として社会的地位なども認知されます。それと同時に、意識の内容として、意識を担っている個体と他の個体とを区別することができ、意識を担っている個体を、自己あるいは自分という概念でとらえることができます。

個体と自己とはまったく違う概念で、個体は客観的な視点から見た概念であるのに対して、自己あるいは自分は、意識の内容としての主観的概念です。通常は、客観的な概念である自分の身体と、主観的な概念である自己あるいは自分とは、一対一に対応しています。ですから、身体が意識を持っていて、そこに主観の世界があり、主観の世界において、その主観の世界を担っている身体があることを認識して、それを自分の身体だと理解し、身体の各部についても、自分の手、自分の頭、自分の顔というように理解します。このように、自分を意識できることは、自己意識と呼ばれます。

自分の身体という概念を持つことができるのは、ヒトだけではありませんが、動物ではかなり高い知能が必要だと考えられています。チンパンジーは、鏡に写った顔を見たとき、それが自分の顔だということがわかるけれど、アカゲザルでは自分を認識しているという様子は認められなかったという観察もあります（文献1）。

しかし、自己あるいは自己意識という概念を持つことができるのは、自己意識を発現する特殊な神経回路によるのではないようです。なぜなら、もし生まれつきの回路だとすれば、それは遺伝情報によって形成されたものでなければなりませんが、自己意識は意識の内容であり、意識の内容は遺伝的に決定される性質のものではないのです。すなわち、意識の内容である主観的概念は、遺伝情報によるのではなく、白紙の脳に形成される構造に対応する事柄だと考えられます。自己という概念も、白紙の脳に形成された事柄であるわけです。テーラーが「身体に心臓や肝臓があるように自己があるわけではない」といったのは、このことを指していると思われます（文献2）。また、自己は意識の内容であり、身体の器官のような実体のある存在ではないので、岸田秀は「自己は幻想だ」ともいっています（文献3）。

自己概念は、幼児期にごく自然に形成されると考えられています。すなわち、運動機能が発達すれば、自分で自分の身体を動かすことができ、自分の身体に触れ、また言葉がわかるようになれば自分の名前を認識し、自分の所有物を持つことなどから、自分の名前や所有物に対応する自分という概念が形成されるのはありそうなことです。

ここで、自己の概念の形成というのは、ある決まった構造の神経回路、あるいは決まったパターンのニューロンの活動が自己の概念を発現するという意味ではありません。確かに、精神活動はすべてニューロンの活動に帰着されるということは間違いないのですが、自己の概念のような特定の意識の内容が、だれでも同じ神経活動で表現されているという必要はなく、ひとりひとり違ったニューロン活動が、それぞれの持つ自己概念に対応していることでしょう。しかし、ひとたび自己概念が形成されれば、そのニューロン活動は、だれにも共通の自己概念に対応するので、言葉がわかるようになればだれでも、自己概念を「わたし」のような一人称単数の人称代名詞で表現できるようになります。

自己概念形成の背景

自己の概念が白紙の脳に形成されるのであれば、人によって自己概念が違っていることがあっても不思議ではありません。一人称単数の人称代名詞で表現される概念である点ではもちろん共通で、また自分の身体、自分の所有物、自分の社会的立場などに対応する概念であることも同じはずですが、それでも、意識の内容としての自己概念が形成される過程では、自分の身体という物理的条件だけではなく、おかれた社会的、文化的環境が作用することが考えられます。

特に、自己概念が形成される社会的、文化的背景において、個人を客観的にどうとらえているかによって、そのとらえ方に矛盾しないように主観的な概念である自己が形成されると考えられますから、社会あるいは文化における個人のとらえ方が違えば、自己の概念も違ってくることになります。

西欧において、人格を表す言葉「パーソン」は、役者の仮面を表す言葉ペルソナに由来するといわれます。すなわち、個人の概念は、個人に与えられている社会的な役割の意味に理解されていたと考えられています。もしそうであれば、個人の社会的な位置づけは社会の中での役割であり、個人の名前もその役割に対して与えられることになります。そのような社会の中で成長した個人にとっては、社会の中の個人の共通認識が、そのまま主観的意識の内容としての自己概念となったのは当然のことでしょう。個人に与えられる名前も、役割の意味に理解されますから、役割を担うようになったときにその役の名が与えられ、役を終えれば、役としての名も失うわけです。

やがて、個人に責任ある存在としての意味が付加されるようになり、個人には自由と権利が与えられ、また社会に対して責任を負う存在だと理解されるようになりました。

そのように、社会的背景により、異なった自己概念が形成されることについて、文化人類学者のマルセル・モースは、自己概念の歴史的変遷を分析して、今日の自己の概念は究極的なものではなく、これからも変わりうることを示唆しています（文献4）。また、英文学者のデイヴィッド・ロッジは、多くの小説のスタイルの分析から、多様な自己の概念を持つことが可能であり、西欧思想における個人や自己の概念が普遍的なものでないことを指摘しています（文献5）。

個人主義

個人主義は、個人が自由と権利を持ち、また負うべき責任があるという考え方です。個人主義が確立される以前、特に封建社会では、個人は社会の一部であり、社会の中枢である領主や貴族のためのインフラストラクチャーとみなされていました。個人は社会の存続に不可欠な存在ではありましたが、個人ひとりひとりの存続は最優先の事項ではなく、したがって、社会の存続のためには、一部の個人の自由や権利がそこなわれてもやむをえないと考えられたわけです。このような個人のあり方は、社会性動物の生態としてみればむしろ自然な状態であり、個体が遺伝子を運ぶ乗り物とみなす論理においては、個体はまさに遺伝子の存続のためのインフラストラクチャーにすぎません。

しかし人間の社会においては、やがて個人の自由や権利が重要視されるようになり、ことにキリスト教を背景とする西欧社会において、個人は社会のインフラストラクチャーではなく、ひとりひとりの人間がかけがえのない存在だという認識が定着し、ジョン・ロックらの思想がきっかけとなって、やがて個人主義が確立していったと考えられています。個人主義においては、個人の自由と権利は最大限に守られると同時に、他人の自由と権利を尊重する責任が課せられます。個人主義を基盤とする社会にあっても、社会の存続は重要事項ですが、それは社会の構成員の総意としての重要性であり、個人の権利と自由に先立って要求される事柄ではなくなりました。

このような個人主義の社会にあっては、自由と権利の担い手として自己の概念が形成されると考えられます。その場合、物、地位、資格などを所有する権利が個人に帰属するとみなされ、主観的な自己概念においても、名前、血族関係、戸籍などの個人を特定する事柄のほかに、物、資格、地位などの帰属を伴い、さらに自由と権利も付随した自己の概念が形成されたわけです。

個人主義は、今日の社会の根幹であると同時に、人格形成に決定的な影響を与えていると考えられます。個人主義社会の中で成長すれば、ごく自然に、自由と権利は自分の身体と同じように個人に付随した性質だと考えるようになります。教育においても、個人の権利が憲法で保証されていることを学び、社会においても個人の自由と権利が法律によって守られていることを日常的に経験します。

しかし、個人主義の社会は必ずしも理想の社会だとはいえません。テーラーが指摘しているように、個人主義社会では、個人が自分の欲求を満たすことを第一に考えるようになるので、個人にとっては他人や社会は自分の欲求を満たすための道具すなわちインフラストラクチャーにすぎないことになります。テーラーは、現代社会のさまざまな困難な問題の根源が個人主義にあることを指摘しています（文献6）。また、テーラーの思想は、個人主義に対立する思想だという意味で、コミュニタリアニズム（共同体主義）とも呼ばれています。

自己概念の拡張

自己の概念が、意識の内容として、白紙の脳に形成される事柄であることから、自己の概念が形成される過程で社会や文化の影響を強く受け、いろいろな社会に多様な自己概念が形成されて当然です。自己の概念が、身体の器官のようなものではなく、意識の内容だということから、脳が柔軟であるかぎり、成長した後になっても、原理的には違った自己概念を受け入れることも可能なはずです。

しかし、実際には自己の概念は社会の中の共通認識であり、自己を勝手に解釈することは社会生活の中では許されません。例えば、個人の所有という事柄は、所有物が社会の共通認識である個人に帰属するということで、その場合の個人は、姓名、身体的特徴、あるいはＤＮＡなどによって特定できる個人でなければなりません。そのような個人は、生まれてから死ぬまでの間、身体と一対一に対応する個人でなければならないわけで、ある時から自分は別な人と入れ替わったなどと主張することは許されません。しかし、それは原理的に不可能なのではなく、社会的コンセンサスとして認めないとされている事柄にすぎないのです。

社会的な事柄ではなく、プライベートな体験のレベルでは、自己の感覚に、身体に対応する個人からのずれを感じることがあります。例えば、映画や芝居のなかの登場人物が自分と一体のように感じられることがしばしばあります。その人物が傷つけば、ほとんど自分の身体が傷つけられたのと同じように感じ、またその人物が、あたかも観客である自分の意思で行動しているかのように感じることもあるでしょう。このような状況は、感情移入というように説明されるのが普通で、特定の登場人物にまで拡張された自己概念を持ったというようには理解されません。しかし、それは説明の違いであり、原理的には自己の概念は任意であって、自由に拡張でき、フィクションの世界にまでも入っていくことができると理解することを妨げることはできません。

利他主義

自己を犠牲にしても他者を利する行為は、利他的な行為といわれます。利他的行為がなぜ起こるかについては、いろいろな説明があります。生物学的説明としては、同種の個体は共通な遺伝子を持っているので、ある個体が犠牲になって他の個体の生存に貢献すれば、結局は共通遺伝子の存続に貢献することになるというものです。例えば、ミツバチの集団では、働きバチはそれぞれの個体の直接の子孫を残すことはできませんが、女王バチが共通遺伝子をもっているので、女王バチの生存に貢献すれば、共通遺伝子を残すことに貢献したことになります。そのため、直系の子孫を残すことができない働きバチが、女王バチのためにせっせと蜜を集める性質が進化したと考えられます。

また、愛という概念によって、利他的な行為の動機が説明されることもあります。愛という概念を自己と他者の関係とみなすとき、肉欲のような自己中心的な愛、友情のような対等の関係としての愛、キリスト教的背景においてアガペーと呼ばれる自己犠牲的愛のような、性質の違う愛があるというように理解されることもあります。しかし、ここでいう愛という概念には、対応する物理的実体があるわけではなく、また愛そのものを意識の内容とみなすには無理があり、むしろ精神活動に作用する仮想的な作用因子であり、精神活動を説明する一つの作業仮説に基づく概念と考えるのが妥当なように思います。

しかし、自己概念の拡張という説明を適用すると、愛はいずれも行為を動機付ける要因であり、自己中心的な愛は自己が個体にとどまっている状態で、友情は自己が自分と他者の両方にまで拡張された状態であり、自己犠牲的愛は、自己が他者に完全に移って、個体から離れた状態に対応するという説明ができます。このような理解によれば、いろいろな愛に対応する異なった精神活動あるいはそれらの精神活動を発現させる作用因子のようなものを仮定する必要はなくなり、意識の内容として自己がどうとらえられているかだけが問題になるわけです。ことに自己犠牲的な愛はまれにしか実現しないことから、自己概念の拡張は原理的に可能だとしても、意識を担っている個体を明け渡すほどの自己の移動は起こりにくく、自己はおおむね個体の範囲にとどまっていると考えてよいことを示しています。

死

個体に寿命があることをだれもが理解していることから、少なくとも今日の社会では死によって消滅する自己の概念が自然に形成されていることが考えられます。社会的な個人の概念においても、個人は死によって消滅するとみなされ、権利や物の所有についても、死によって個人への帰属は消滅します。

一方、民間信仰や宗教的世界観において、死後の世界にまでも自己が存在し続けるという理解も広く受け入れられています。自己概念の拡張の考え方によれば、死後にまで拡張される自己概念を持つこと自体に無理はありません。むしろ、個体とともに消滅する自己の概念では、死の不安が避けられません。理屈では、ウィトゲンシュタインが「死は生の出来事ではない」といっているように、自己が確実に個体の死によって消滅するなら、死を体験する自己はないはずです（文献7）。しかし、自己概念はそういい切れるほど個体と一体になったものではないとすると、消滅していく自己を体験する自己はどんなだろうかというような不安を消すことは難しいでしょう。

死後にまで自己概念を拡張するには、いろいろな理解が可能です。仏教では、輪廻の思想があり、死を自己の終りとはとらえていません。したがって、仏教を背景にした文化圏では、他人に生まれ変わるとか、動物に生まれ変わるという考えを、ごく自然に持つことができるようです。

キリスト教では、自己はやはり身体の死で消滅するのではなく、死後の自己の居場所として天国や地獄があると信じられてきました。また、世界に終りがあり、終りの日には、この世にまた身体を持つ自己が復活すると信じられてきました。このような自己も、自己概念の拡張を前提とすれば、無理ではありません。ただし、自己概念は理屈で理解するのではなく、意識の内容として形成されなければならないので、今日のような情報過多の社会では、生物的な個体の死によって消滅する自己からかけはなれた自己概念を持ち続けることは容易ではありません。

医療や福祉においても、死をどう迎えるかは大きな問題です。医療は、死を先に延ばすことには貢献できますが、死を除くことはできませんし、医療の場で死に遭遇することがしばしばありますから、死の迎え方についての備えが必要です。しかし、自己の概念が文化的、宗教的背景などによって大きく違い、また医療を行う医師や看護士の自己概念との整合性も問われるので、自己と死の理解は切実な問題であり、そのためにも、基礎となる人間理解が望まれます。

文献

(1) Gordon G. Gallup, Chimpanzees : Self-recognition. Science **167** : 86–87 (1970)

（2）Charles Taylor, Sources of the Self. Harvard University Press, Cambridge (1989)
（3）岸田秀　幻想を語る、青土社、一九八八
（4）マルセル・モース　人間精神の一カテゴリー—人格の概念および自我の概念、中島道男訳　マイクル・カリザス、スティーヴン・コリンズ、スティーヴン・ルークス編　人というカテゴリー、紀伊国屋書店、一九九五
（5）David Lodge, Consciousness and the Novel. Harvard University Press, Cambridge (2002)
（6）Charles Taylor, The Ethics of Authenticity. Harvard University Press, Cambridge (1991)
（7）ルートヴィヒ・ウィトゲンシュタイン　論理哲学論考、奥雅博訳　ウィトゲンシュタイン全集8、大修館書店、一九七六

9章　多　様　性

—有効な適応方策が困難をもたらす—

多様性の明暗

多様性は、生物の基本的性質の一つです。生物種の性質は遺伝子で決定されますが、遺伝子はまったく安定ではなく、ある確率で突然変異が起こります。変異遺伝子のほとんどは適応度が低いために淘汰されますが、適応度に影響がない変異遺伝子はそのまま生き残り、ごく一部の変異遺伝子が高い適応度を示し、さらに高い適応度を持つ新しい種へと進化していきます。

海底火山でできた新しい島のように、もともと生物がすんでいなかったところに、鳥などによって生物が運ばれてくると、生物の生存可能な条件が整っていれば、多様な生物種が出現します。このような現象は適応放散と呼ばれ、一般に、条件が許されれば、生物は多様化していく傾向を持っています（文献1）。環境が変化して本来の種が絶滅しても、種が多様化していれば近縁の種が生き残るチャンスが増すので、多様化は遺伝子にとってきわめて有効な生存の方策です。熱帯のジャングルのような環境では、多くの生物種が共存している点で、豊かな生態系だといわれます。豊かというのは主観的な表現のようですが、多くの種がそれぞれ新たな生き方の可能性を追求する実験をくりかえしているとみることができますから、可能性が豊富だという意味で客観的にも豊かだといっていいでしょう。

すべての生物の中で多様性を最大限に生かしたのが昆虫です。種の数え方は必ずしも一定ではありませんが現在知られている種の数はおよそ一四〇万種といわれ、そのうち四分の三が動物であり、その半分以上の約七五万種が昆虫です。昆虫は、多様化することによりさまざまな環境によく適応できることが知られています。特に、いまから約二億五〇〇〇年前のペルム紀の大絶滅では、地球上のすべての高等生物が全滅すれすれの危機に瀕しましたが，昆虫は比較的無事に生き延びたといわれます。しかし，種の数が多いということは，同類の種がすべて全滅する危機は少ないとしても，絶滅する種はたくさんあり，絶滅する種の数は最大です。ですから，個々の種にとっては，種の多様化が生存に有利だとはいえません。

昆虫とは対照的に，現存するヒト科の種はたった一種です。ヒト科の祖先をたどると，アウストラロピテクスのような猿人から，ホモ・ハビリス，ホモ・エレクトスなど多くの原人種が生み出されたと考えられています。しかし，現存するヒト科の種は，新人（ホモ・サピエンス）一種だけになってしまいました。したがって，生物学的には，ヒト科の現状はきわめて多様性に乏しいわけです。

しかしヒトは，遺伝のほかに，継承される性質としての文化を獲得し，文化においては，種の多様性にも優る豊かさを獲得しました。この点は，ほかの生物種にはまったく認められない性質であり，遺伝によらない継承のメカニズムの獲得によって，種の多様性によらずに生き方の多様性を実現したのです。人間の生み出した文化は，ほかの生物種にはまったく見られない特徴であり，生物進化の時間のスケールから見れば，突如出現してまたたく間に広まった現象です。世界に六〇〇〇もあるといわれる言語をはじめ，文化の多様性は熱帯のジャングルの生態系のように豊かで，豊かな生態系の中の一つ一つの種が，それぞれきわめてユニークな生き方をしているのと同様に，文化の特徴もそれぞれきわめてユニークで興味深いことを，多くの文化人類学的研究が示しています。

ただ，生態系の豊かさも文化の豊かさも，個々の生物種あるいは文化の担い手がみな豊かさの恩恵にあずかっているというわけではなく、異なる種の間、異なる文化の間では、生存をめぐる熾烈な争いがあります。事実、多様な生物種で構成されている生態系では、多様化の結果として、非常に多くの種が絶滅し、また絶滅に瀕しています。また、文化の多様性においても、多様な文化がみな安泰だという保証はなく、むしろ文化の多様化によってさまざまな対立が生じ、消滅する文化も少なくありません。

新人のほかにも、原人の中には文化を獲得した種がたくさんありました。新人の出現よりはるか以前に、すでに石器や火を使う文化が現れており、もしヒト科の種同士が争うことなく生きていく知恵を持っていたなら、多くのヒト科の種が今日まで存続しえたはずです。しかし、現実に新人のみになってしまったのは、ヒト科の種同士の生存の争いのためでした。そこで生き残るために決定的であったのは、直接的には文化の違いであり、遺伝的な違いとしては、獲得した知恵を継承する能力の違いであったと考えられます。

文化において多様化した新人の間でも、文化の違いによって絶滅か絶滅寸前に至った集団は数多くあったに違いありません。近代においてすら、アメリカ大陸やオーストラリアに移住したヨーロッパ人によって、遺伝的にはほとんど差のない多くの原住民が、絶滅寸前にまで至りました。まして、知恵の継承の能力に差がある種の間では、生存の争いはもっと決定的であったことでしょう。ですから、今日の文化の多様性の背後には、現存する文化の多様性をはるかに超える、多様な絶滅した文化がかつて存在したに違いありません。

人　種

現在の人類すなわち新人（ホモ・サピエンス）は、一〇数万年前にアフリカ東部で出現したヒト科の種であり、およそ一万年前までには地球上のほとんどの地域に広がりました。その間には、新しい種を生み出すほどの遺伝的な変化は起こりませんでしたが、気候などの自然条件が異なったところに定住した新人には、若干の遺伝的な相違が生じました。その結果、皮膚の色、目の色、髪の色、身体の形などの違いが現れ、それらの特徴が、人種という概念でとらえられるようになったわけです。しかし、人種はもちろん種の違いではありません。確かに遺伝的な違いがありますが、生物学的に一意的に分類できるような性質の違いではなく、むしろ外見から勝手に決められた分け方にすぎないのです。

人種による身体的な特徴として、皮膚の色は、異なった環境への適応の結果として理解できます。赤道に近い日射の強いところでは、強い紫外線から組織を保護するために、皮膚組織に光をよく吸収するメラニン色素が増加し、極地に近いところでは、逆に光によるビタミンDの生成の必要から、弱い光を効果的に利用できるように、皮膚の光吸収を最小限にまで減少させたと考えられます。

人種の違いは、遺伝子の違いとしてはそれほど大きな違いではなく、同じ人種の中での個人差と同程度だといわれます。したがって、新人の出現したアフリカ東部とは自然環境が大きく異なる地域に広がったわりには、遺伝的な変化はむしろ極端に少なかったといってもよいでしょう。ほかの生物の多様性に比べれば、人種間の身体的な特徴の違いはわずかで、したがって新人は多様性にきわめて乏しい種だということができます。

それにもかかわらず、人種の違いがさまざまの深刻な問題の原因となっており、今日でも人種にかかわる偏見や差別は除かれていません。その困難の原因は、じつは遺伝子の違いによって現れた身体的特徴それ自体ではなく、その身体的特徴からもたらされた意識の内容、すなわち主観的な人種の概念にあるのです。主観的な人種の概念は、それを表す人種という言葉とともに子孫に継承され、何世代にもわたって、生物学的な違いとは無関係な偏見や差別を生み出す結果になってしまったと考えられます。

しかし、生物学的、科学的、客観的な人種の理解を広めることによって偏見や差別がなくなることは、必ずしも期待できません。人種の概念は、生活習慣の違いなどよりははるかに深く、人類の多様性の最も顕著な特性として、多くの文化の中に定着しているように思われます。そうだとすると、人種のとらえ方を変えていくには、偏見を否定するだけではなく、従来の概念に代わる新たな多様性の概念が構築されなければなりません。それには、人間は遺伝的に若干の多様性を持ってはいるけれど、文化の多様性においては、人種とは比べ物にならないほど多様な可能性があるのだという視点に立って、文化の内容としての多様性の概念を構築することがこれからの課題ではないでしょうか。

個　性

個性は、遺伝的な性質に、成長の過程で獲得される性質が加わって形成されると考えることができます。しかし、身体的特徴が遺伝によってほとんど決まってしまうのとは対照的に、人の性格は成長の過程での家庭や社会の影響が決定的であることは明らかです。ケストナーの童話の「ふたりのロッテ」のように、違ったところで育った双子の姉妹が正反対の性格を持つようになる、というようなことは、十分ありうることです。

同じ人種あるいは民族の中での遺伝的な違いは、人種の場合とは対照的に、深刻な問題とはならないけれども、人種の違い以上の差があるといわれています。生物の適応性の点では、同一種の一つの集団の中に、遺伝的に多様な個体が存在することは重要なことで、それによって環境などの変化に対して、思いがけない性質の個体が生き延びるというように、種の生存のチャンスを増すことになったと考えられます。

しかし、今日では、社会全体が存続の危機に遭遇することはほとんどなくなったので、より確実に子孫を残すという意味では、遺伝的あるいは性格的多様性を持つことの積極的な意味はなくなりました。むしろ、教育の場で個性を伸ばすことが重要だとされるのは、それぞれの個人の性格に合った生き方を選ぶことにより、生活をより豊かにしていくというような期待によると考えられます。

けれども、型にはめるような教育をやめて、一切の束縛をなくせば、多様な個性がひとりでに出現するとは思えません。確かに、遺伝子の突然変異のように、それまでどこにもなかった発想が突然に湧き出すということがないとは限りませんが、ほとんどの発想は、過去の経験や継承によってもたらされた知恵の再現であり、したがって文化的、社会的背景によって決定されているに違いありません。

ですから、人との違いをあまり過大に評価したり、同じ発想しか持てないひとを軽視したりすることは問題でしょう。人間には遺伝的な多様性に加えて、文化的社会的背景などによって、多様な個性が形成される余地があることは確かですが、実際には人の発想はだいたい似かよっているのが普通で、むしろそれが自然です。

個性も、人種の場合と同じように、客観的に見ればあまり違いがないのに、主観的には、わずかな違いを、まったく違う性質のようにみなしてしまう恐れがあります。個性については、遺伝子の場合のように、何パーセントが共通で、何パーセントに違いがあるというように定量的な評価はできませんが、人の性質はおそらく遺伝子の場合と同じように、ほとんどの部分が共通で、個性の違いは、遺伝的な違いにいくらかプラスされる程度のものにすぎないと考えてよいと思われます。ことに、同時代の同じ文化的社会的背景の中で形成される人間の性質には、当然共通部分が大きいと考えられます。

個性を主観的にとらえることは、自分が大勢の中のひとりなのではなく、ほかのだれとも違うユニークな存在だと確信することでもあり、アイデンティティを持つことだともいえるでしょう。社会的に評価されるような名誉や地位などによってアイデンティティを形成されるばかりでなく、たとえ特別に評価されることがなくても、自分はかけがえのない存在だという認識を持つことは可能で、それは遺伝子や客観的に測られる個人の能力には直接の関係はありません。逆に、たとえだれよりも優れた才能を持っていても、主観的にそれを自己のアイデンティティに結びつけることができなければ、アイデンティティ喪失の危機に陥ることになります。

文　化

人類の進化の過程で生存の危機に瀕したとき、後天的に獲得された性質によって生き延びた個体が、子孫にその性質を知恵として継承し、言い伝えのような文化を生み出していったことが想像されます。その点では、遺伝も文化も同様の役割をはたしてきたわけです。

文化の出現の過程では、その背景の違いとともに、環境の要素も大きかったことでしょう。例えば、言語については、現存する言語は六〇〇〇以上だともいわれますが、寒冷な地方の言語に雪の性質を現す語が多いというように、さまざまな要因によって言語が多様化していったと考えられます。

文化を持つことにより、生存に役立つ知恵が文化のなかに蓄積されていったと考えられますが、知恵の形態はさまざまです。例えば、結婚については、文化的背景によって、一夫一婦のほかに、一夫多妻、一妻多夫のようなさまざまな形態があり、婚約、結婚の年齢、離婚、再婚などにさまざまな制約が設けられています。結婚は子孫を残すことにかかわる重要な事柄ですから、どのような結婚形態を持った文化も、確実に子孫を確保するようにそれなりに機能してきたに違いありませんが、そのためにはさまざまの異なった方策が可能であり、文化の多様性として存続しえたわけです。

また、祭儀の様式のように、集団のアイデンティティとしての役割をはたすには、集団によって違った特徴を持つことが必要ですから、集団がいくつかに分かれれば、それぞれの集団を区別する特徴が必要になり、それらの特徴が定着して代々継承されるようになり、文化の多様化が進行したと考えられます。

今日も、長い歴史を持った多様な文化が継承されていますが、過去には集団ごとに独自の文化が継承されてきたのに対し、今日では同じ社会の中に、言語、生活習慣、芸術などの、異なる文化が共存するようになりました。それは一面では熱帯のジャングルの生態系のような豊かさとみなすこともできるでしょう。しかし、かつては独立した集団の中で成立し、何世代にもわたって継承されてきた文化が、多様な文化が混在する大都市のようなところで存続できるかどうかは、文化の性質により、事情はさまざまです。伝統芸能などは、継承の努力によって保存されている多くの例がありますが、迷信やタブーのような文化は、今日ではもはや生き続けることができません。また、結婚の習慣のような文化も、たとえ過去において成立しえたからといって、一夫多妻や一妻多夫のような習慣を文化とみなして保存することは困難でしょう。

文化の多様性は、遺伝的性質の多様性に比べればはるかに短期間に出現して広がる可能性を持っていますが、それでも個々の文化が成立したのは、おそらく何世代もかかって洗練された結果であり、また、もし継承がとだえれば、再び再現させることは困難であることなどは、生物種の場合とよく似ています。ですから、絶滅に瀕している種を保護するように、文化の保護も必要で、たとえ個々の文化が、その成立の時点での役割をはたすことはできなくなっているとしても、基本的には多様な文化をできるかぎり保存していこうという姿勢は、広く受け入れられることだと考えられます。

それでも、今日の数々の熱心な自然保護の運動にもかかわらず、毎年何千もの生物種が絶滅している状況と照らし合わせてみると、文化においても同様のことが起こっていることが危惧されます。

民族・社会

一つの祖先から世界に広がった人類が、定住したそれぞれの地域で適応的な進化をとげた結果として、民族の遺伝的な特徴が形成されたと考えられます。すなわち、人類の祖先は多くの社会性動物のように、集団を作って一定の生活圏を守り、子孫を多く残す集団が繁栄し、子孫を残せない集団は消滅したことでしょう。生活圏に大きな違いがある場合には、適応的な進化が起こり遺伝的性質の違いが生じたことが考えられます。さらに、それぞれの集団が固有の文化を持つようになれば、遺伝的特徴に文化的な特徴が加わり、その総合的特徴によって子孫を残せるか否かが決まったと考えられます。

文化的な面では、おそらく言語が最も重要な特徴です。世界に六〇〇〇以上もあるといわれる言語のほとんどは、それぞれ特定の民族固有のものであり、民族のアイデンティティでもあります。互いに交流のある民族の間でも言語が異なることが多いわけです。当然不便なことが多かったに違いありませんが、それにもかかわらず言語が多様化したのは、言語が異なることが、民族の存続に積極的に貢献したからでしょう。すなわち、民族のアイデンティティを明確にして、結束を強めた民族だけが存続できたというようなことも考えられます。

民族のアイデンティティということは、民族の客観的な特徴とともに、帰属意識というような主観的事柄でもあるわけです。つまり意識の内容であるわけです。しかもひとりひとり違う意識の内容ではなく、帰属する者に共通の意識であり、総合的人格あるいは自己の拡張と考えることもできるでしょう。民族間に対立が起こった場合、民族のために犠牲になることもいとわないというような、利他的な意識も起こってくることが考えられ、そのような民族が存続するチャンスが多いなら、生物の進化の場合と同じように、民族意識が進化していったと考えられます。過去の世界においては、多様な民族が干渉し合い、対立の構図の緊張関係を保ちながら、全体として見ると比較的安定な生態系のように、バランスが保たれていました。それは、詳細に見ると熾烈な争いを繰り返していながら、全体としては平和で豊かにみえる熱帯のジャングルの生態系に似ています。

今日さまざまな問題の発端となっている民族主義は、その根源にはこのような生物の生き方としての基本的な性質があり、それだけに単純に取り去ることは困難であり、安易に解決ができないことを覚悟しなければなりません。ことに、今日では、技術の進歩により、いったん紛争が起こった場合、過去とは比較にならない深刻な破壊が起こる可能性があり、子孫を残すために獲得してきた生物の性質が、逆に命取りになっているという困難な問題を、なんとか解消しなければならないのです。

宗教

文化の本質が継承ということだとすれば、宗教は、神話や祭儀の様式のような継承される事柄を多く持っていますから、少なくとも宗教において継承される事柄は文化としてとらえることは妥当なことです。しかし、宗教に文化的側面があるからといって、宗教を文化の一つとして簡単に説明できるわけではありません。宗教を持つ人にとって、宗教は最優先の事柄であり、他の事柄は宗教的な前提の上に成り立つという理解に立っているわけです。したがって、宗教を持ちながら宗教を研究の対象としている文化人類学者や哲学者は、学問的立場と宗教的立場との違いに苦しむことがあります。

今日、多様な宗教が存在するということは、宗教が宗教を持っている人にとって最優先の事柄であるだけに、対立が起こった場合、きわめて深刻な問題を生じ、いまも解決の糸口さえつかめていません。宗教の対立という事態の解決に、人間の科学的理解がどれだけ貢献できるかわかりませんが、現実の宗教の間に人間同士の対立がある以上、学問的にも避けて通ることはできない問題です。

宗教の教理が排他的な場合、すなわち一つの宗教の教理だけが正しく、他の宗教の教理は誤りだと主張することが、深刻な対立の原因になります。教理の違いは、異なる宗教の間だけではなく、一つの宗教の内の問題でもあります。キリスト教においては、長い伝統を持つローマカトリック、ギリシャ正教、ロシア正教のほか、宗教改革の後のプロテスタント教会には、ルーテル派、長老派、洗礼派などの多くの教派ができましたが、それらの教派の間には、互いに譲ることのできない教理の解釈上の違いがあり、教会の一致を困難にしています。

それでも、教理として排他的な内容を持ちながらも、平和運動や環境保護などの社会的な活動においては共通認識を持って活動できる場合も少なくありません。したがって、宗教間の対話は、教理の問題よりむしろ、具体的な活動を通して進めることが現実的ですが、それが宗教間の深刻な対立の解消につながるかどうかは予断を許しません。異なる宗教も本質的には同じなのだと主張されることがあります。宗教多元主義を主張したジョン・ヒックは、宗教の多様性を、同じ事柄に対する認識の多様性なのだと主張しました（文献2）。確かに、異なる宗教を客観的に見る立場では、このような説明が受け入れられるかもしれませんが、特定の宗教を持つ人にとっては受け入れられる説明ではありません。実際、ヒックは英国教会の司祭でしたが、宗教多元主義を主張したために、教理に反する主張をしたということで、司祭の資格を剥奪されました。

宗教の問題の困難の原因は、宗教を持つ人にとって宗教は最優先の事柄であり、生き方すべての前提になっているので、それ以上に確かな事柄を根拠に共通理解に到達するということが期待できない点にあると考えられます。科学でさえも、宗教を超える真理だとは受けとられません。当然、生物学も説明の根拠にはなりえず、生まれたときには、宗教においては白紙だというような認識も受け入れることはできないでしょう。

しかし、現実にはすでに多様な宗教が存在しているので、その現実の中から科学を超える知恵が出現し、それぞれの宗教の伝統を守りながら、しかも対立を回避することのできる文化が形成されていくことは期待できないことではありません。たとえそのような高度の知恵を科学が提供することができなくても、知恵の可能性は、偏見に満ちた今日の人間の予想をはるかに超えるものであるということも否定し難いことであり、安易に希望をすてることは賢明ではないと思います。

文献

(1) エドワード・O・ウィルソン　生命の多様性、大貫昌子・牧野俊一訳　岩波書店、一九九五
(2) ジョン・ヒック　宗教多元主義、間瀬啓允訳　法藏館、一九九〇

10章　攻　撃　性

——淘汰の後遺症——

攻撃性の起源

人間がほとんど例外なしに攻撃性を持っていることは明らかです。そのため、個人同士でも社会集団の間でも、利害関係が対立したとき、あるいは単に憎しみの感情を持ったときに、攻撃性が現れ、しばしば深刻な紛争に発展します。人間は生まれつき持っている攻撃性の危険を避けるため、さまざまな掟、タブー、迷信、法律、倫理などを発展させてきましたが、それでも攻撃性の危険が減らないどころか、技術の発達によってむしろ危険が増しています。そこで、攻撃性の本質についての理解を深め、解決の糸口を見出すことがわれわれに課せられた大きな課題だと考えなければなりません。

攻撃性は、多くの生物種にとって、生きるために不可欠な性質です。子孫を残すためには、同種の個体と争って縄張りを獲得し、捕食者からの攻撃から身を守り、狩りをして食物を得、同性の固体と争って生殖の機会を獲得しなければなりません。社会性の動物においては群間の闘争もあります。

生物の進化は突然変異と淘汰のみによって起こるので、攻撃性が淘汰に有利にはたらくなら、攻撃性が進化することは当然の結果です。ヒト科の祖先においても、同じ集団の中でも集団間でも争いが絶えず、ほかの条件が同等であれば、攻撃性に劣るものが淘汰されたと考えられます。もし、ある生物種にとって、攻撃性が種の存続のために不可欠だとすれば、攻撃性を悪いこととみなすわけにはいきません。

攻撃性は、厳しい環境でも恵まれた環境でも起こりえます。厳しい環境では、限られた生息地や餌などの資源を取り合うための争いが生じ、攻撃性を持つものだけが資源を獲得し、子孫を残すことができるので、必然的に攻撃性が進化します。一方、自然の資源に恵まれた豊かな環境では、個体数が増すので、結局は生息できる個体数の極限に達し、子孫を残すための争いが生じ、やはり攻撃性を持つものが現れれば、攻撃性を持たないものが淘汰されます。

また、種の多様性との関係についても同様で、豊かな環境では多様な種が出現しますが、環境が抱擁できる限界に達してしまえば、やはり子孫を残すための争いが生じ、攻撃性が進化する状況になります。したがって、極地のような自然環境の厳しいところでも、熱帯のジャングルやさんご礁の海のような温暖で餌の豊富な環境でも、生存のための激しい争いがあります。

攻撃性は種によって違いがあり、牙や爪のような攻撃のための器官が発達し、はげしい攻撃性を持つ動物がいる一方、ナマケモノのように自分からほとんど攻撃をしかけない動物もあります。ヒトは牙、爪あるいは角のように攻撃のために進化した器官を持っていないことから、ヒトの進化の過程では、単純に相手の体を傷つけるような武器を持つことはもはや淘汰に決定的に有効ではなくなったと考えられます。それでも、今日の人間の性質から見て、祖先の持っていた攻撃性を失っていないことは確かです。

動物行動学（エソロジー）の創始者のローレンツは、人間の攻撃性が動物一般の攻撃性と本質的に変わらないことを、彼の名著「攻撃」の中で明確に示しています（文献1）。ことに、人間の攻撃性が動物一般の性質である以上、攻撃性は容易に取り除くことのできない性質であり、しかも強力な技術を持つ人類にとって攻撃性はきわめて危険な性質であり、その危険を回避するには、攻撃性の本質の生物的な理解がぜひとも必要なことを強調しています。

しかし、人間は他の動物にはない文化という継承手段を持っているので、人間の性質は動物一般の性質だけでは理解が困難であり、動物の性質とともに文化の側面の考察も必要です。したがって、人間の攻撃性の理解と、現実の問題の解決には、動物の性質の理解を基礎として、文化についての洞察をともなった人間の科学を構築していくことが必要だと考えられます。

種内の攻撃性と抑制機構

ローレンツは、「攻撃」の冒頭に、サンゴ礁の海で、一見平和に見える色や形のさまざまな熱帯魚の間に、熾烈な争いがあることを紹介しています。ポスターカラーのような派手な色彩の魚はおのおの縄張りを持ち、縄張りに進入する同種の個体を激しく攻撃するということです。派手な色彩は、同種の個体であることの目印であり、他の種の個体にはまったく無関心なのに、同種の個体に対してだけ攻撃をしかけるのです。それによって、同種の個体が混み合うことなく、また縄張りを守れる強い個体だけが子孫を残すことができ、弱いものが淘汰されるわけです。

このように、同種の個体同士が争うことは、進化の過程で本質的に重要なことで、それによって種の特徴が中途半端でとどまることなく、極限まで進化するわけです。また、長い時間尺度で見ると、種の性質を特徴づける遺伝子に突然変異が生じても、生存の条件が厳しければほとんどの変異遺伝子は淘汰されるので、同種個体同士の争いが、種の性質を維持するために機能しているわけです。

多くの動物では、交尾の機会をめぐって雄同士が争い、闘争に勝った雄だけが子孫を残します。その争いがいかに重要であるかは、シカの雄の立派な角やクジャクの雄の異常に大きく美しい羽を見れば明らかです。大きな角や立派な羽は、交尾の機会をめぐる争いのほかにはほとんど役にたたないどころか、無駄なエネルギーを必要とするやっかいものに違いないわけで、このような器官が進化した原因は、同種の争いに勝ち残るため以外にはありません。

もし同種個体間の闘争によって、それぞれの種の特徴が極限まで進化したとすると、現存する種はすべて、極限のデザインに到達していると考えることができます。もし無駄な部分や設計の未熟なところがあれば、突然変異によってさらに優れたものが現れるチャンスがあるので、長い時間のスケールで見れば、いつかは優れたものにとって代わられることになります。したがって、完成された種のデザインにおいては、どんな細部も子孫を残す目的にかなった極限のデザインに到達しているはずです。実際には、現存の生物がどれだけ究極のデザインに到達しているかを定量的に調べることができる例は多くはありませんが、身体各部の構造、例えば血管分岐構造の形態のように、輸送効率を最大にする最適設計にきわめて近いことが示されているというような例があります。極限の設計に近づくのは、適応度のわずかな違いが淘汰に作用した証拠であり、同種の個体間の厳しい争いがあったことが裏付けられるわけです。

しかし、同種の個体同士がつねに争っていては繁殖ができません。ことに、群れを作る種では、同じ群れの個体同士は攻撃し合うことはほとんどありません。もともと攻撃性を持つ個体同士が平和に共存できるのは、つがい、親子あるいは同じ群れの個体間に攻撃抑制のメカニズムがあるからだと考えられています。このことについても、ローレンツは多くの例から種によってさまざまな攻撃抑制機構が働いていることを示しています。ガンのつがいにみられる行動の中には、雄の攻撃の動作と勝利の動作が儀式化されて、攻撃抑制の信号となり、さらに雌に対する愛情の表現にもなっているということです。

攻撃性に対して抑制が働くということは、攻撃性と同時に攻撃を抑制する機構も進化したということです。すなわち、攻撃性が縄張りに侵入した同種個体によって誘発されるように、攻撃抑制も何らかの信号によって誘発されるわけで、その信号が種によって特定の行動であったり、あるいは鳴き声であったりするわけです。子育てをする動物種では、子が発する信号によって親の攻撃性が抑制されなければなりません。多くの動物では、個体の識別能力は限られていますが、つがいや親子の識別のような生存のために決定的に重要な状況においては、確実な伝達手段が備わっているわけです。

人間にも、攻撃性とともに抑制機構が備わっているはずであり、人間が進化した過程では、攻撃性が種の存続の危険因子とならないように、確実な抑制機構が備わっていたに違いありません。しかし、人間の進化が文化の獲得と並行して進行したとすると、攻撃抑制機構は文化に依存するところがあった可能性があるので、遺伝的な抑制機構が不完全である可能性も考えられます。もしそうであるなら、生物的な抑制機構に頼ることはできないことになります。また、技術の発達によって攻撃性のリスクがヒトの出現のころとは桁違いに増大しているので、抑制機構にもし不備があれば重大なリスクを生ずる可能性があることも認識しなければなりません。

社会集団の攻撃性

人間社会には社会集団の間の争いが絶えず、今日でも各地で紛争が起こり、技術の発達により紛争の危険がますます増大しています。紛争の解決の難しさは、人間本来の性質として攻撃性を持っており、その攻撃性が、ヒトの進化の過程において、子孫を残すために不可欠な性質であったことに由来していると考えられています。しかも、社会集団の間で戦いを行うような攻撃性を持っていることが、深刻な問題を起こす要因となっているわけです。

ローレンツは「攻撃」の中で、社会集団の間の攻撃性の問題を特に詳しく述べています。例えば、ネズミの集団の間では、しばしば激しい争いが見られるということです。同じ集団のネズミ同士は臭いで識別でき、抑制機構が働きますが、別の集団のネズミに対してはきわめて残忍で、集団に侵入した個体は、文字通り八つ裂きにされるということです。その場合、よそ者が侵入したことがまたたくまに集団全体に伝わり、集団の全部の個体が闘争に駆り立てられるということです。これは、熱狂する群集のような状態で、人間の熱狂する性質はまさにこのような集団の攻撃性に起源を持つことを指摘しています。

闘争に駆り立てられるという性質は、物事に熱中するという性質の起源でもあり、必ずしも闘争的なことではなくても、一つの目的に寝食を忘れて取り組むというような行動にもつながりがあると考えられています。その点で、人間社会においては、攻撃性は排除すべき事柄ではなく、一方ではむしろ人間らしく生きるために不可欠な性質であることが、攻撃性によって引き起こされるさまざまな問題の解決を困難にしている原因の一つでもあります。

集団全体の個体が闘争に駆り立てられるのは、強い捕食者に対して強力な防衛手段となります。ネズミのような小さな個体でも、大きな集団の全個体が一斉に攻撃をしかければ、大型の捕食獣でも容易に太刀打ちできません。このことから、集団の攻撃性は種にとって強力な武器であり、種の存続に貢献するところが大きかったと考えることができます。ことに、個体数の多い集団は、集団間の闘争においても捕食者の脅威に対しても有利となるので、集団が大型化する傾向にあります。しかし一方では、集団が大きくなりすぎると強い絆を保ち続けるのが困難になることが考えられ、また個体密度が高くなりすぎたり、集団の空間的な広がりが大きくなりすぎることは生存に不利になるので、集団の大きさには限界があり、種の性質で決まる適当な大きさに安定すると考えられます。人間社会でも、歴史的にはしばしば領土の拡大の野望によって大帝国が出現しましたが、あまりに大きな集団は安定ではなく、むしろ明確なアイデンティティによって結ばれている集団が、より安定に存続しているようです。しかし、集団間には今日でも紛争が絶えず、集団の攻撃性に起因する問題には、これからもまだ悩まされることが多いに違いありません。

人間社会における攻撃抑制の知恵

人間は多くの動物と同様にはげしい攻撃性を持ち、集団の攻撃性もネズミに匹敵するのではないかと思われるように強力です。しかし、オオカミのような鋭い牙や、猛禽のような嘴や爪を持たないので、個体間の攻撃性によるリスクは必ずしも大きくはなく、それだけに攻撃抑制のメカニズムは、絶対確実といえるほど信頼性は高くないと考えられています。それだけに、つねに攻撃性のリスクがあり、集団内あるいは集団間で攻撃を避ける知恵が、文化として継承されてきました。

おそらく有史以前から闘争を避けるための機構として、さまざまなタブーや掟があったに違いありません。やがて掟が成文化され、モーセの十戒の中の第六戒「殺してはならない」のように、同属の殺傷を許さないというような攻撃抑制のルールが確立されました。また、聖徳太子の十七条憲法でも、「和をもって貴しとなす」という闘争回避の条項が冒頭に置かれています。

しかし、掟は攻撃性を無理に抑制するので、闘争に駆り立てられやすい性質がなくなるわけではありません。むしろ闘争の機会がないために闘争傾向が発散できず、闘争の閾値《いきち》が低下し、些細なことで争いが起こったり、過激な行動を起こしやすくなるとも考えられます。ローレンツはその例として、つねに部族の抗争に明け暮れていたアメリカンインディアンが、居留地に住まわされるようになってからは、闘争傾向のはけ口がなくなったために車を暴走させる者が多くなり、交通事故の件数が異常に高いという例を挙げています。

攻撃性を発散させるには、攻撃の目標を別な事柄に向けさせるのがよいともいわれます。ことにスポーツは攻撃性を発散させるにはたいへん有効で、古代ギリシャ時代に始まったオリンピックが戦争の回避に役立ったことからも明らかです。ことに、多くのスポーツの種目では、一定のルールの範囲で闘争そのものが実現され、集団の代表が戦い、それを多くの人々が熱狂して応援するというように、集団のメンバーが熱狂して闘争に駆り立てられる状況を、ほぼ完全に実現することができます。また、違う集団のメンバーが一堂に集まることにより、個人的にも互いに知り合う機会ができ、攻撃をしかけることに抑制がかかりやすくなることも期待できます。

今日でもオリンピックをはじめさまざまな競技の国際大会が盛んで、メディアを通して多くの人々が熱狂していることは、闘争傾向のはけ口として機能するとともに、いわゆる顔の見える関係を作り上げるのに役立ち、深刻な闘争を避けるのに役立っていると考えられます。しかし、スポーツだけでは国際的な緊張を解消するには十分でないことも明らかで、第二次世界大戦中にオリンピックが中止せざるを得なくなったのは皮肉な結果です。

メディアを通して、違う集団の人達が互いに知り合うことは、闘争の抑制に役立つことが期待できます。顔見知り同士では、直接の利害が対立しない限り、闘争傾向を抑制されることが期待できます。マスメディアを通して、到底直接出会うことができない不特定多数の人々を知ることができるので、闘争の回避には貢献できると考えられます。しかし、一方ではマスメディアは宣伝の手段にも利用されるので、不特定多数の人々を熱狂させることも可能で、集団間の闘争の引き金になるというリスクのあることに注意しなければなりません。

ローレンツは、スポーツのほかにも闘争傾向のはけ口の可能性を指摘しています。一つは悪魔のような仮想敵を設定して、闘争に駆り立てるというものですが、現代社会ではあまり効果は期待できないだろうといっています。闘争傾向のはけ口として最も確実で好ましい対象として、ローレンツは学問と芸術を挙げています。確かに、研究や創作に熱中すれば、闘争傾向が発散させられることが期待されますが、大多数の人にその機会を与えるのは容易でないように思われます。

このように、人間の攻撃性をどう抑制するかはこれからの人類にとっての重大な課題で、真剣に検討していかなければならない事柄です。

攻撃性の危険の増大

技術の発達が攻撃性の危険を増大させていることは、強力な兵器が使われた戦争の悲惨さを見れば明白な事実です。技術の危険は、核兵器、生物化学兵器のような大量殺戮兵器についてはいうまでもないことですが、そのほかにもさまざまな危険な要素があります。高度に複雑化したインフラストラクチャーに全面的に依存している都市の生活は、インフラストラクチャーの破綻に対してきわめて脆く、攻撃の対象とされた場合のリスクは深刻です。エネルギーや水の供給、食料の流通、交通機関など、技術の導入によって生活が便利で快適になればなるほど、攻撃を受けた場合のリスクが増大します。また、情報技術の発達により、不特定多数の人々が闘争に駆り立てられる危険が増大します。それだけではなく、情報技術の発達は、危険な情報が流出した場合のリスクを増大させます。情報はひとたび流出すれば回収はほとんど不可能であり、その点で、兵器の製造を可能にする情報の拡散は、出来上がった兵器の拡散より危険だと考えなければなりません。

一方では、技術の発達による危険は、だれにでも理解されるという面を持っています。ローレンツは、核兵器の危険はだれの目にも明らかなので、その危険はむしろ避けやすいだろうといっています。しかし、現実には核兵器の廃絶はいまだに実現されず、核保有国が増していくのを見ると、危険はむしろ増大しているように思われます。危険を理解することによって危険が避けられるだろうという期待は、楽観的すぎるかもしれません。実際、原爆の被災者の写真はだれにもきわめて強烈な印象を与えているに違いありませんが、それが現実には必ずしも攻撃抑制につながっていないのです。

技術の危険を回避する技術も考えられないことはないかもしれません。しかし、偶発的な事故がフェールセーフの技術によって回避できるのとは違って、攻撃性という意図的な行為の危険は、フェールセーフの技術自体も攻撃の対象となるわけですから、安全の保証にはなりません。

結局、攻撃性に対処する知恵は、現時点ではたいへん不備であり、これからの人間についての科学の発展を基礎とした、現実的な対応策がぜひとも開発されなければならないと思われます。

文　献

(1) コンラート・ローレンツ　攻撃―悪の自然誌、日高敏隆・久保和彦訳　みすず書房、一九七〇

11章　種の存続

—ヒトが絶滅したら元も子もない—

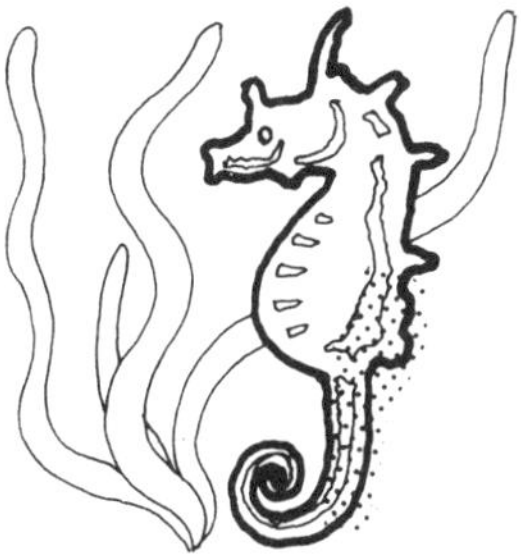

生物種の存続期間

多くの生物種は永久に存続するわけではなく、誕生した後にたとえ繁栄しても、やがていつかは絶滅します。しかし、それぞれの種について、存続する期間には大きな違いがあります。生物種は種を特徴づける遺伝子によって決定され、新しい種は、突然変異と淘汰が繰り返されることによって出現すると考えることができます。変異遺伝子が生き残ることによって、新たな特徴を持った種が誕生しても、その多くは、さらに進化した種にとって代わられるので、ほとんど痕跡を残すことなく消滅したことでしょう。その中から、新たに出現した特徴が極限まで進化して、もはやその特徴についでは進化の余地がないところに到達した場合に、安定な種として存続できるようになります。

安定した種は個体数を増して繁栄しますが、多くの種では、環境条件が一定でも種の個体数は変動し、たまたま厳しい気象条件や餌の減少などの悪条件が重なると、極端に個体数が減少して絶滅に至る可能性があります。しかし、人間の活動による自然破壊や、生命の歴史上何度か起こったと考えられる大絶滅の時点を除けば、ひとたび誕生した種は比較的安定で、ごく大まかには一〇〇万年程度は存続するものと考えられます。かりに生物種の数を一四〇万とすると、平均一〇〇万年存続するとすれば、絶滅する種は一年に一～二種となります。

現在の人類は、種としては新人（ホモ・サピエンス）であり、新人の誕生は一〇数万年前頃と考えられるので、まだ若い種であり、ほかの多くの生物種と同程度は存続できるとすれば、人類存続の期間として、少なくともあと一〇〇万年くらいは存続させることを目標にしたいものです。欲をいえば、生物種として唯一文化を持ち、獲得形質を継承する知恵を得たのですから、生物種として最高の存続期間を目指したいところです。すでにシーラカンスのように一億五〇〇〇万年以上も存続している種がありますから、数億年もの存続をめざすことも可能でしょう。もちろん太陽が燃え尽きてしまえば、地球上のすべての生物は生存できなくなるわけですが、太陽の放射エネルギーはまだ数十億年はほぼ安定だと考えられていますから、一〇億年程度の人類存続は物理的に不可能ではないかもしれません。

しかし、われわれ人間の個体の寿命は高々一〇〇年ですから、一〇億年というのは途方もなく長い期間であり、その一〇〇〇分の一の一〇〇万年でさえも、直感的にとらえがたい時間のスケールです。したがって、もし本当にこのような地質年代の時間スケールで人類の存続を目指そうとすれば、直感的な判断はあてにならないので、科学的な分析をもとにして、いまなにをしなければならないかを考えていかなければなりません。具体的には、人類の絶滅の要因となる危険因子をすべて排除するか、少なくともその危険率を無視できる程度に減少させておかなければなりません。そこで、危険率をどれだけ小さくしたらよいかは、目標とする人類存続期間によるわけです。

かりに一〇〇万年の存続を目指すとすれば、偶発的な要因による人類絶滅の確率を一年あたり一〇〇万分の一以下にしなければなりません。個人にとっては、寿命が高々一〇〇年ですから、年間一〇〇〇分の一程度の危険は寿命の期待値にはほとんど影響がなく、スポーツや冒険のように大きな達成感が期待できるような場合には、この程度の危険を覚悟して、あえて危険にチャレンジすることはむしろ合理的だということができます。しかし、人類全体を考えるときには、年間一〇〇〇分の一というのは途方もなく大きな危険率であり、一〇〇万年の生存に対しては危険率をさらに一〇〇〇分の一にする必要があり、一〇億年を目標とするなら、絶滅の危険率をそのまた一〇〇〇分の一にしなければならないのです。今日では、人間の生き方の変化によってさまざまな危険が発生していますが、現実には個人の寿命の時間スケールでしか対策が考えられていないことが多く、地質年代の時間スケールでの人類の生存への影響が議論されることはほとんどありません。ですから、いまのままでは、ほかの生物種と比べて人類の存続はきわめて不確かだと考えられます。

分散の効用と一様化の危険

多くの生物種の集団にはさまざまな危険があり、集団が全滅する可能性も小さくはありません。それにもかかわらず多くの生物種が一〇〇万年というような時間のスケールで生存しているのは、それなりの知恵をもっているからです。一つの効果的な方策は、同じ種の個体が、分散して広い範囲に生息することです。いまかりに、同じ種の個体が一〇の集団に分かれて生息しており、たまたま一つの集団が全滅しても、他の集団から移住することによって集団が再生されるなら、危険が偶発的で一つの集団の範囲にとどまるかぎり、全部の集団が同時に全滅する確率はきわめて小さくなります。たとえ、各集団が全滅する確率が年間で一〇パーセントというような高い値であっても、危険が襲う可能性がランダムで、しかも全滅した地域に他の集団から移住した個体によって集団が再生されるなら、一〇の集団が同時に全滅する確率は、単純に〇・一の一〇乗すなわち一〇〇億分の一となり、地質年代の時間スケールでも十分安全なレベルにまで危険率を減少させることができるわけです。

このような安全策は、ヒトの進化の過程でも機能していたに違いありません。おそらく、有史以前の人間は比較的小さい集団に分かれて生活しており、その中には絶滅してしまう集団も多かったとしても、残った集団からの移住によって人口の減少が補われ、種としての存続の危機が回避されていたと考えられます。やがて農耕によって安定して食料を確保できるようになり、集団の絶滅の危機は大幅に減少したことでしょう。しかし、一方では攻撃性による人間同士の争いがエスカレートし、道具の発達とともに危険も大きくなっていきました。また集団が大型化して国家を形成するようになり、国家間の争いによって、大きな集団が絶滅するような事態も起こりうるようになりました。この傾向がもっと増大すれば、人類の存続も脅かされます。

今日の社会は、人が集団の枠を超えて自由に行き来し、物も情報も世界中どこでも手に入るようになり、もはや独立の社会集団の存在自体がほとんど不可能になっています。個人のレベルでは確かに生活が豊かで、生命の危険が小さくなりましたが、人類全体としてみると、地域に分散することによる安全性が失われたため、むしろきわめて危険な状態になっていることが危惧されます。

技術の発達による危険の増大

技術の発達は快適な生活をもたらす一方では、さまざまな危険を増大させていることは明らかで、ことに核兵器や生物化学兵器のような大量破壊兵器による人類の絶滅の危機にも直接つながっています。すでに一九五五年に起草されたラッセル・アインシュタイン宣言には、核兵器が人類の絶滅をまねく危険がきわめて大きいことが明確に述べられています（文献1）。また、一九六二年にはカーソンが「沈黙の春」の中で、全人類を絶滅させられる量の五倍から十倍の農薬が、カリフォルニア州だけで一年に使われていることを指摘しています（文献2）。

このような危険については、今日では多くの人が熟知しているにもかかわらず、危険を避ける方策が整わないのにはいくつかの理由が考えられます。まず、技術そのものが快適な生活をもたらすものであり、一度手に入れた快適な生活を手放せないという事情があります。ことに、技術の発達に起因する危険は、すぐに現れるのではなく、つぎの世代かもっと後の世代に至って深刻になってくる場合が多いことが考えられます。最初に技術の恩恵を受けた人たちは、技術のもたらす苦痛や危険が現れるまえに生涯を終えるので、損失を被らないのです。子や孫の世代のことを心配することはあっても、直接に出会うことのない何世代も後の子孫のことを本気で心配することはめったにありません。

また、技術はひとたび出現すると消し去ることができない性質のものなので、危険が認識されても技術自体は存続し続け、潜在的な危険は除かれません。大量破壊兵器にしても、製造された兵器は協定によって破棄されることはあっても、製造技術自体は完全に破棄することはきわめて困難です。したがって、強力な国家権力が人間本来の憎しみと攻撃性に結びつけば、いつでも大量破壊の技術が再現される恐れがあります。このことから、長い時間のスケールにおいて技術の危険を避けるためには技術自体の管理だけではなく、技術を管理する人間についての理解を深めることがぜひとも必要です。

生態系の破壊

人間の生存は自然の生態系に依存しており、生態系が破壊されれば、人間は生きてゆくことはできません。けれども、人間の活動によって生態系にさまざまな影響が現われており、たとえその原因をつきとめても、ひとたび破壊された生態系を回復させることは至難のわざです。

生態系の破壊は、多くの生物種がすでに絶滅し、さらに多くの種が絶滅の危機に瀕していることからも明らかです。人間の活動の影響がない状態では、絶滅する種は一年に一種程度であったのが、現在は、低く見積もっても一年に数千種が絶滅しているといわれています。その直接の要因としては、開発や化学汚染などによる生息地の自然破壊、人間が資源として利用する種については過剰捕獲、他種の導入などが挙げられますが、間接的には人口の爆発的な増加が共通の要因であり、この危機を乗り切ることができるかどうかは、近未来にやって来ることが予想されている人口増加のピークがどの程度で押さえられるかにかかっています。

現在の人口増加の割合は年二パーセント程度なので、これに近い割合で人口が増加するとすれば、現在約六〇億の人口が一〇〇年後に約一九〇億となると予測されています。たとえ有効な人口抑制策が講じられても、八〇億から一二〇億までは増加することが予測され、過剰人口による汚染や森林の消失が今日よりさらに加速し、深刻な生態系の破壊が起こることが予想されます。

多くの生物種が絶滅するという異変は、生命の歴史において繰り返し起こっており、過去五億年の間に五回の大絶滅がありました。その最大のものは、二億四五〇〇万年前のペルム紀の大絶滅で、五四パーセントの科が喪失し、海洋生物の七七〜九六パーセントが失われたといわれています。このような大絶滅の後にあっても、生態系は再び種の多様性を回復しましたが、それには何千万年もの期間を必要としました。いま進行している生態系の破壊は、ペルム紀の大絶滅にも匹敵するものであり、もし生態系の破壊を止めることができなければ、たとえ遠い未来に生態系が回復するとしても、人類は何千万年もの間、破壊された生態系に甘んじて生きていかなければならないのです。

生きる意欲の低下

人類の生存を脅かす要因としては、環境の変化のような外的な要因のほかに、心の変化も重要で、むしろ生きる意欲の低下のような内的な要因がより深刻になってくる恐れがあります。すべての生物種は、子孫を残すというただ一つの条件を満たすように進化した結果であり、子孫を残すことができるように設計されたシステムとみなすことができます。このことは、高度の精神活動を持つに至った人間においても同様です。人間は遺伝のほかに文化という継承手段を持つに至りましたが、文化もやはり子孫を残すことに貢献するように進化したと考えられます。

生存の条件が厳しかった文明化される以前の人間社会においては、さまざまな脅威から自分の身を守ることが絶対必要な要件であり、そのための知恵が親から子へ継承されていったわけです。生きることに強い意欲を持つことは、困難に遭遇したときに生死を決定する重要な要件ですから、遺伝的性質としても、また継承される文化としても、つねに強化されてきたに違いありません。

しかし、やがて人間は生存を脅かす自然の脅威や他の生物種から身を守る知恵を蓄積し、子孫を残すために獲得された身体機能や精神活動が、もはや子孫を残すために不可欠ではなくなりました。文化にしても、厳しい環境で生きるために継承されてきたさまざまの知恵は、もはや子孫を残すための必要条件ではありません。

生物の性質は、遺伝的に決定されるものも文化として継承されるものも、淘汰圧がかからなくなれば、変異遺伝子は淘汰されずに蓄積し、文化も淘汰されることがなければ変質していくのを止めることはできません。今日の人間においては、生存が脅かされるような淘汰圧がかからなくなったことにより、子孫を残すという最も基本的な性質が変質している恐れがあります。

実際、文明の発達により生活にゆとりができ、安楽な生活ができるようになったとき、生きることを否定的にとらえる考えが起こってきました。すでにギリシャ神話の中のシーレーノスが、「人間にとって最善なのは生まれないこと、次善はまもなく死ぬこと」というように語っているところがあります（文献3）。このような、ペシミズムと呼ばれるような発想は、後の多くの哲学者や思想家の心をとらえています。また、「人類が絶滅することは望ましい。なぜならもし人類が存続すれば、未来に少なくとも一人は不幸の人が現れるにちがいないのだから。」というような、否定的功利主義といわれる考え方もあります（文献4）。これほど極端ではなくても、生きることに疑問を持ち、死を肯定しようとする考えは多くの人に共感を与えます。

もし生きることを無条件に最優先事項とするならば、自殺は起こりえないはずですが、自殺にはかなり同情的な見方があります。自殺にはそれなりの理由があり、自分ではもはや解決できる見込みのない悩みや苦しみを解消するために自ら命を絶つのは、生きることよりも自尊心を優先させることであり、それを認めるべきではないかという主張は、否定しがたい面があります。しかし、悩みや苦しみを持ち、自殺を考えた人でも、突然に生命の危険にさらされたときには、生きようとする意欲が沸いてくるともいわれます。

現在はまだ、生きる意欲の低下は、人類の存続の危険因子として、それほど深刻な事柄ではないかもしれませんが、安全で豊かな生活が実現された後に、思いがけない落とし穴があるかもしれないので、生きる意欲の低下の危険性については十分に検討しておくべきでしょう。

個人主義の危険

今日の民主主義社会では、個人の権利を守ることが、最優先事項として憲法で保証されています。かつての封建社会においては、支配者の権利を守ることが最優先事項であり、社会の構成員は、支配者の生存のためのインフラストラクチャーのようにみなされていました。それが、今日のように、個人の権利が権力のために犠牲にされるようなことが許されなくなったのは、社会の進歩として評価されています。

しかし、個人主義の社会においても、個人の権利は無条件に許されるわけではなく、個人の権利はあくまで他人に不利益を与えない範囲に限られます。ここで、他人とはだれかが問題となります。これから長い期間の人類の存続を考えるならば，現在生きている人だけでなく，未来の人も考慮しなければなりません。実際，現在の人間の活動が未来の人間に深刻な不利益を与えていることを考えると，もし未来の人にも不利益を与えないように個人の権利を制限するならば，いま生きている人の活動を大幅に制限しなければならなくなります。もし遠い未来の人の権利を政治的決断に反映させようとすれば，未来の人の代弁者を政策決定の場に加えなければならず，遠未来の人が圧倒的に多いことから，現在のわれわれは，遠未来の人々にほとんど無条件に服従しなければならなくなります。これは考えてみるとおかしなことで，現在の人間は未来の人類を生存させるためのインフラストラクチャーとみなされることになり，圧倒的な権力に服従させられる権力主義の社会と同様の論理に支配されることになります。それはもはや個人主義ではなく，人類の存続を最優先事項と考えるのですから，人類存続主義とでも呼ばなければなりません。

ここで，個人を優先させるか人類の存続を優先させるかという二者択一的な問題提起が，はたして妥当かどうかを問い直す可能性が残されています。個人という概念は，普通は生まれてから死ぬまでの身体と一対一に対応すると考えられていますが，そう考えなければならない絶対的な理由はありません。むしろ，個人の概念が重要なのは自分自身をどのように考えるか，すなわち主観的な自己の概念であり，主観的に自己をどうとらえるかは，背景となっている共通認識すなわち文化にも依存しています。ですから，自己を生まれてから死ぬまでの個体に限定せず，何世代にもわたる概念としてとらえることも原理的には可能です。もしこれからの人類の共通認識として，何世代にもわたる自己の概念を持つことができれば、拡張された自分が何世代も後まで生きており、遠い未来の人類の生存も自分の問題として考えることができるはずです（文献5）。

何世代も後の子孫のことを自分の事柄としてとらえることは、必ずしも突飛なことではなく、自分の達成できなかったことを子に託すとか、子孫の繁栄のために苦労をいとわないというような気持ちは、ごく自然の感情として持つことができます。しかし今日では、個人主義が社会生活にあまりに深く浸透しているので、個人主義の束縛から自由になって、柔軟な自己の概念を持つことは容易ではありません。それでもなお、これからの人類の長い歴史を想定して、柔軟な自己概念を構築し、そこに人類の長期の存続を支えうる新しい文化を築いていくことは、壮大なしかし原理的に実現可能な計画として検討に値すると考えられます。

文献

（1）The Russel–Einstein Manifesto, issued in London, July 7, (1955), The Pugwash Council, London (1990)
（2）レイチェル・カーソン　沈黙の春、青樹簗一訳　新潮社、一九八七
（3）呉茂一　ギリシア神話、新潮社、一九七四
（4）John Leslie, End of the World.—The Science and Ethics of Human Extinction Routledge (1996)
（5）Tatsuo Togawa. Considering the long–term survival of the human race. Technology in Society **21**: 233–245 (1999)

12章　生き方の迷い

―いまだに「よく生きる」ということがわからない―

種の存続の後になにを求めるか

すべての生物種は、ひたすら子孫を残すように進化してきました。「子孫を残すように」という意味は、子孫を残すように進化する生物特有の性質があるわけではなく、淘汰の結果子孫を残すことができたものだけが残ったという当然の帰結にすぎません。ですから、原理的には生物であろうとなかろうと、自分のコピーを作る機能があり、突然変異に相当する変化が起こり、おかれた状況に適応できたものだけが残るというという状況であれば、コピーを残すことができたものだけが存続できるわけです。

ヒト科のルーツにおいても、道具や火の使用のような継承できる知恵としての文化を獲得した者が、よりよく適応でき子孫を残すことができたと考えられ、したがって文化についても子孫を残すために有効な文化が存続し続けたと考えられます。ヒトはやがて言語を獲得し、知恵の継承をより確実にしました。この時点で、なぜかヒト科の種は新人（ホモ・サピエンス）ただ一つとなりましたが、新人はライオンのような食物連鎖の頂点に立つ捕食獣ほど大きくも強くもなく、武器になるような爪も牙も持たないにもかかわらず、他の生物種からの脅威から身を守り、また農耕によって安定した食物供給が可能になり、子孫を残すことがより確実になりました。有史時代に入ると、個々の人の生存を脅かすのはもっぱら人間同士の争いとなり、種としての存続の危険はほとんどなくなりました。

種の存続の危険が遠のいた後、人間同士の争いはますます激しくなり、知恵の多くは生存のためではなく争いのために発達しました。種内の争いは種の特徴を進化させますが、人間同士の争いのためには、もはや爪や牙は決定的な役割をはたさなくなったので退化の一途をたどり、それに代わって言語機能や脳機能の重要性が増し、進化が進みました。

多くの動物では、他の種を攻撃したり、他の種からの攻撃から身を守るためではなく、雄のシカの角のように、種内の争いのために進化した身体的特徴が見られます。おそらく、立派な角を持った雄だけが雌を獲得でき、子孫を残すことができたのでしょう。しかし、角の拡大があまり行き過ぎると生存に不利益を与え、また他の種からの攻撃にも弱点となるので、たとえ雄同士の闘争には有効でも、限度を超えて拡大することにはブレーキがかかります。ところが、人間においては、もはや人間同士の争いにブレーキをかけるような、他の生物種からの脅威がなくなったため、争いがエスカレートして、攻撃の手段がますます強化されました。

種内の激しい闘争をくりかえしながら、安定して存続している生物種は、ローレンツが「攻撃」の中でいろいろな例を紹介しているように、決してめずらしくありません。その点では、激しい争いをくりかえしながら存続し続ける人間の生き方は、生物種としてはむしろ普通の生き方です。

生物種によっては、多くの個体が傷つけあうような種内闘争に代わって、闘争の動作が形式化して、同種の個体が傷つけあうことなく、しかも生殖の機会をめぐる争いには大きな淘汰圧がかかるというような状況も出現しました。多くの動物において、直接に個体同士が傷つけあうような闘争が、やがて実際に傷つけあう前に勝敗が決せられるような行為に変化していったと考えられます。そのような状況をローレンツは儀式化と呼んでいます。

ところが、不幸にして人間では、争いを避ける知恵があまり進化せず、一方では文化という継承手段を獲得したことにより、攻撃の手段となる技術を進化させることになってしまいました。さらに、争いをエスカレートさせる「憎しみ」という感情により、人間の生き方は先の見通しの立たない困難な状況に陥ってしまいました（文献1）。人間同士の争いは、人間の存続をも脅かしかねないことは前に述べましたが、たとえ人類が存続したとしても、憎しみを増大させることなく、互いに傷つけあう争いを避けて生きていくことができるかどうかは不透明であり、はたしてこれから人間はどんな生き方を選択するのか、その選択次第では、われわれの想像できる最善と最悪の事態をも超える事態が起こりうることを覚悟しなければなりません。

満たされた後の空虚

人類にとって、エスカレートする争いはきわめて深刻な事態ですが、人類が近未来に危険な争いを避ける知恵を獲得する可能性ももちろん考えられるので、平和で安全で豊かな世界が実現されることは期待できないわけではありません。しかしそれで深刻な問題がなくなるかというと、そうではないらしいのです。というのは、生存が脅かされることがなくなり、欲望がすべて満たされたとき、それまでひたすら求め続けてきた目標が、じつはただ空虚なだけであることを発見し、愕然とするのではないかとも考えられるのです。

すでに旧約聖書の中のコヘレトの言葉には、物質的な欲望がすべて満たされ、だれよりも深い知恵とだれよりも多くの知識を得た者の空しさが記されており、多くの人々に共感を与えてきました。これはなかなか深い洞察です。単純に食欲や性欲のような生理的欲望が満たされた後の空虚さに対しては、学問や芸術に打ち込むというような目標を持つことができるのではないかというような発想もありますが、それさえ究極の目標にはなりえないことが指摘されているのです。コヘレトの言葉を正典として聖書に収載しているキリスト教の意図としては、すべての欲望が満たされたときの空虚さと向き合うことによって、人のわざによって得られる物と知恵の限界を悟り、その限界を超越した神を見出すという論理を読み取ることができます。

しかし、欲望が満たされたときの空虚さということは、もっと身近に見られる現象ではないかと思われます。実際、戦争や災害にあって苦しい生活を余儀なくされている時に比べ、平和で安全で豊かな時代になって、不安がむしろ増大することがありうるのです。危険が除かれ、欲求が満たされた状態は、生物的に安定でないのではないかという可能性も考えられます。確かに、自然の生態系においては、つねに種間および種内の争いがあり、日常的に欠乏に直面しているのが普通で、すべてが満たされた状態が実現されることはまれであり、しかもすべてが満たされた状態で警戒を解き、一切の攻撃性を停止することに生物的なメリットがなく、したがってそのように進化することもなかったとも考えられます。生物的性質に文化によって継承される性質が付け加えられる可能性は考えられますが、すべてが満たされたときに生ずる空虚を満たす文化もまた、その文化に満たされたときに新たに生ずる空虚を満たすことはできないのではないでしょうか。この目標の空虚さという問題には、いまだに明快な解答が示されていないので、これからの人間の生き方の課題としてとりあげていかなければなりません。

よい生き方

人間の生き方について、最終の目標が自然科学の基本法則のようにはっきり示すことができないのは困ったことですが、だからといってなにをしていいのかまったくわからないわけではありません。人間の行為については、現実の問題として、好ましい行為と好ましくない行為があることは明らかです。文化という継承手段を獲得した人間は、生存が脅かされる自然の脅威から開放されたので、行為あるいは生き方を選択するにあたって、好ましいか好ましくないかは、もはや子孫を残せるか残せないかの問題ではなくなりました。例えば、多くの社会では一夫一婦制を守ることが好ましいとされていますが、一夫多妻あるいは一妻多夫を好ましいとみなす社会もかつては存在し、それでも子孫を残すことには問題はありませんでした。

異なる文化を持つ社会においては、生存が保証されるかぎりにおいて、好ましいか好ましくないかの尺度が異なっていてさしつかえないわけで、実際、さまざまな尺度が成立しえたわけです。しかし一方では、より普遍的な形で、好ましい生き方あるいはよい生き方が追求されるようになりました。ことに西欧においては、ソクラテス、プラトン、アリストテレスらのギリシャ哲学の巨匠による「よい生き方」の探求が、その後の倫理学の基礎となりました。その中では、健全な精神、倣うべきあり方としての徳の概念、極端に走らないことをよしとする中庸の概念などが、よい生き方の基本の要件としてとりあげられました（文献2）。

やがて近代に至り、ベンサム、ミルらが功利主義を唱え、その後の社会に多大な影響を与えました。功利主義の主張の要点は、「最大多数の最大幸福」という表現に要約されます。一見、単純明快なようですが、幸福とはどういうことか、最大とする要件が二つあるのをどう調整するのか、自分の幸福と他人の幸福は同じ重みで評価しなければいけないのかなどいろいろ不明確な点があり、問題は複雑です。それでも、少なくとも「より多くの人に幸福をもたらすこと」および「より大きな幸福をもたらすこと」をよしとするという点が明確なので、個人の行為および社会の政策の決定の前提として広く受け入れられています。

ここで一つやっかいな問題は、よい生き方が結果としてもたらされることを要求するのか、それともいまそうであることを要求するのかには違いがあることです。例えば、平和をよしとする主張において、結果として平和がもたらされるのをよしとするのか、あるいはいま平和であることをよしとするのかには大きな違いがあります。もし結果としての平和が求められるのなら、将来の平和を実現するためにいま戦争をするという選択が許されますが、いま平和であることが求められるのなら、どんな目的であろうと戦争という選択は許されません。結果をもって善し悪しを決める考え方は、帰結主義と呼ばれます。功利主義は、「最大多数の最大幸福」を結果として実現しようとする主張であり、したがって功利主義は帰結主義の一形態だとみなされています。

帰結主義は今日の社会の基本の考えとして定着しています。例えば、医療において、ある診断や治療が結果として延命につながることが客観的に証明された場合、その診断や治療をよしとし、延命につながることが客観的に証明できないものは経費の無駄であるばかりでなく、患者に余計な苦痛を与えることになるので切り捨てるべきだとする、EBM（evidence–based medicine, 根拠に基づく医療）と呼ばれる考え方が取り入れられるようになってきましたが、これも帰結主義的な考えの一例です。

しかし、行為あるいは施策を決定するのに、明らかに帰結主義とは異なる論理があり、それが妥当だと思われる場合も少なくありません。前に述べた徳の概念による行為の決定は、結果のいかんによらず、それに倣うことをよしとするという論理です。あるいは、発作を起こして倒れた人に、近くにいた人がかけよって救急蘇生を試みたけれど、結局は助けることができなかった、というようなことはありうることです。その場合、蘇生を行った人の行為は、結果として延命にはつながらなかったけれど、助けようとして救急蘇生を行ったという行為は、結果のいかんにかかわらずよしとされるべきだという主張があります。実際アメリカ合衆国の多くの州では、蘇生に失敗してもその責任が問われないように法律によって守られています。

帰結主義の是非をめぐってはさまざまな議論があり、行為（アクト）が究極の事柄（エンド）なのか、それとも、行為の結果として生み出されたもの（プロダクト）が究極の事柄なのか、すなわちアクト・エンドかプロダクト・エンドかという問いかけもあり、いまだに明確な理解には至っていません（文献3）。

よい社会

社会についても、生存を脅かす要因が排除された上で、どうあるのがよいかが問われます。個人にとってのよい生き方がはっきりしていれば、社会の構成員がひとりひとりよい生き方ができるような社会がよい社会だといえるかもしれません。しかし、個人にとってよく生きることは、じつは社会があってのことで、個人がよく生きることと、個人がよく生きることのできる社会が実現することは、切り離すことはできません。

個人が社会に依存しているという関係においては、個人が社会から利益を受けるという面のほかに、個人が社会に貢献することができるという面があり、社会に貢献することが個人にとってよく生きるための重要な要件であると考えられます。社会が自分の意に沿うものであり、社会のために貢献することに満足感を覚えることができるなら、個人は社会の存在によってよりよい生き方が可能となり、社会はそのような個人が加わることによってよりよく機能するようになることが期待できます。逆に、個人が社会に貢献しようとせず、ただ社会からより多くを得ようとするなら、社会は個人に与える資源に欠乏し、個人の意に沿うサービスを提供することができなくなります。

これは、単純な経済のからくりのように見えるかもしれません。国民が税金を多く納めれば、社会は多くのサービスを提供でき、税金を減らせば提供できるサービスは少なくなります。しかし、経済的な面から個人と社会の関係を理解することができるのは、経済がよく生きることおよびよい社会であることの決定的な要件あるいは最重要課題である場合のことで、経済的にゆとりのある、あるいは経済が最重要課題ではない個人にとっては、心のあり方がよく生きることのもっと重要な要件となるかもしれません。

工学的なシステムにおいては、多くの要因が関与する場合、システムの評価に最も大きな影響を与える要因をもって、システムの性質の第一近似とします。そのように、社会のよさを一つの要因で表そうとすれば、ある状況では経済であり、また別な状況では、人々の信頼関係であるかもしれません。状況に依存する要因をあたかも絶対的な事柄のように主張するところに、イデオロギーの落とし穴があるのではないでしょうか。

心の世界の広がり

人間としての「よい生き方」の追求についてこのように考えていくと、よい生き方あるいはよい社会を想像することは、たいへん難しいのだということがわかってきます。少なくとも、当面の困難、不足、不満などが解消されることや、一時の喜び、満足、快感などが得られることが、恒久的な「よい生き方」につながるものでないことは確からしいのです。

では、真にパラダイスといえるような、恒久的で本質的な「よい生き方」があるのでしょうか。その探求には、これまでどれほどのチャンレンジがなされたか想像することさえ困難ですが、いまだに正解が見つかっていないことは明らかです。これこそ正解だ、と思われるような解答は数多くありました。「コヘレトの言葉」では、すべての欲望が充たされてもすべてはむなしく、神にゆだねるほかにむなしさを解消する道はないという解答を与えています。ソクラテス、プラトン、アリストテレスらは、至高の生き方を「徳」の概念によってとらえようとしました。ベンサムやミルに始まる功利主義は、効用という概念によって生き方のよさを定量化しようとしました。また、メーテルリンクの「青い鳥」のように、幸福探求の到達点として、現実の生活の中にそれを見出すという解答もあります。

よい生き方の追求は、哲学者だけの興味の問題ではありません。今日の世界のさまざまな対立や抗争、大量殺戮兵器の存在、世界規模のメディアを利用した扇動の危険などを考えると、よい生き方の追求に対する解答が間にあわなければ、人類の絶滅の危機が回避できないのではないかという不安があります。遠未来までの人類の存続を視野に入れた視点に立てば、二十一世紀においてもまだよい生き方の理解に到達していないようでは、人類が遠未来まで存続できるか否かの瀬戸際に立っているという認識は誇張ではありません。その意味で、よい生き方の追求は、今日まさにさしせまった課題です。

しかし一方、よい生き方の探求は、ある時点で正解に到達するという性質の問題ではないという可能性もありうることです。山の尾根を歩いているとき、行く先に見えるピークが当面の目標になりますが、そのピークを登りきると、またつぎのピークが現れます。山道なら地図で行く先を確認できますが、よい生き方の探求はどこまでの広がりがあるのかわかりません。当面はわれわれの生きてきた文化的背景の中でしか想像力が及びませんが、遠未来の生き方の可能性については、どれだけの広がりがあるか見当もつかないのです。人間の心がいかに文化的背景によって形成される先入観にとらわれやすいものかを知るとき、心の世界の広大な可能性を垣間見ることができます。遠未来のわれわれの子孫は、遺伝的にはわれわれとあまり違わないにもかかわらず、いまの人類とはまったく違う心の世界に生きているということはありうることなのです。その世界はわれわれのはるか先の世代の事柄ですが、もし遠未来まで拡張した自己の概念を持つことができれば、遠未来の事柄はわれわれ自身の将来としてとらえることができます。そして、想像力を働かせることによって、遠未来の子孫がよい生き方に到達したとき、はるか昔に始まったよい生き方の探求がいま実ったという実感を持つ自分を想像し、拡張された自分の自己実現を、現在の自分の目標として据えるということも、心の世界の中では十分起こりうる事柄なのです。

文　献

（1）Leszek Kolakowski, Modernity on Endless Trial. The University of Chicago Press, Chicago (1990)
（2）リチャード・ノーマン　道徳の哲学者たち、塚崎智・石崎嘉彦・樫則章監訳　ナカニシヤ出版　二〇〇一
（3）Robert B. Louden, On some vices of virtue ethics. In Roger Crips, Michael Slote eds. Virtue Ethics. Oxford University Press, New York (1997)

あとがき ——生命の歴史の完結——

最後に、生命の歴史をもう一度眺めてみたいと思います。生命の誕生からすでに三五億年以上が経過しましたが、生命活動に必要なエネルギーを供給する太陽は、まだほぼ半分のエネルギーを残しています。太陽の放射エネルギーは、まだ数十億年はほぼ現在のレベルを保ち、その後に太陽は燃え尽き、最後は大爆発を起こして地球上のすべての生物は死滅すると考えられます。したがって、現在は生命の歴史のほぼ中央にあり、これからまだ数十億年の生命の歴史が継続することが期待できます。

人類がはたしてこれからいつまで存続できるかは、まだはっきりしたことがいえません。前に述べたように、人類の絶滅に至る数々の危険因子が存在するので、人類の存続は、一〇億年はおろか、一〇〇万年さえも楽観できません。核戦争が起これば近未来にでも人類の絶滅は起こりうることです。環境ホルモンのような化学汚染でも、正常な発生が阻害されれば、絶滅に至る可能性があります。また、生きる意欲の喪失も間接的な要因となる可能性があり、たまたま小惑星の衝突のような危機に遭遇した場合、皆が安楽死を選ぶかもしれません。

環境汚染や生態系の破壊によって人類が絶滅した後、ヒトより化学汚染に強い動物が生き残る可能性も考えられます。日高敏隆著「ネズミが地球を征服する?」には、人間が絶滅してもネズミが生き残り、その繁殖力の強さから考えて、全世界に繁殖するだろうという予想が語られています(文献1)。

これはもちろん、そうならないようにという人類への警告です。しかし、正直なところその可能性がないとはいい切れないことも事実です。

楽観的な予想としては、人類が生命の歴史の最後まで生き延び、尊厳をもって生命の歴史の終焉を迎えるということも考えられなくはありません。それにはまだ克服しなければならない数々の試練があることでしょうけれど、原理的には可能なことです。そのとき、六〇億年の生命の歴史を振り返り、それをよしとすることができるかもしれないのです。しかも、それはわれわれとは無関係な遠い子孫の事柄ではなく、心の世界においては、われわれ自身の事柄だという理解も可能なのです。

文献

（1）日高敏隆『ネズミが地球を征服する?』、筑摩書房、一九九二

索　　引

【あ】

【い】

【う】

【え】

【お】

【か】

【き】

—— 著 者 略 歴 ——

1960年　早稲田大学理工学部応用物理学科卒業
1965年　東京大学大学院数物系研究科博士課程修了（応用物理学専攻）
　　　　工学博士（東京大学）
1965年　東京大学助手
1968年　東京医科歯科大学助教授
1972年　東京医科歯科大学教授
2003年　早稲田大学教授
　　　　現在に至る

動物の生き方　人間の生き方
—人間科学へのアプローチ—

2004 年 8 月 30 日　初版第 1 刷発行

検印省略

著　者　戸《と》　川《がわ》　達《たつ》　男《お》
発 行 者　株式会社　コ ロ ナ 社
　　　　代 表 者　牛 来 辰 巳
印 刷 所　萩 原 印 刷 株 式 会 社

112-0011　東京都文京区千石 4-46-10
発行所　株式会社　コ　ロ　ナ　社
CORONA PUBLISHING CO., LTD.
Tokyo　Japan
振替 00140-8-14844・電話(03)3941-3131(代)
ホームページ　http://www.coronasha.co.jp

ISBN 4-339-07775-5　（柳生）　（製本：染野製本所）
Printed in Japan